HAIYU WURENJI JIANSHI
JIANCE XITONG YU
YINGYONG SHIFAN

海域无人机
监视监测系统与
应用示范

王厚军 刘 惠 彭 伟 等编著

海洋出版社

2021年·北京

图书在版编目（CIP）数据

海域无人机监视监测系统与应用示范/王厚军等编
著. — 北京：海洋出版社，2021.6
ISBN 978-7-5210-0781-7

Ⅰ.①海… Ⅱ.①王… Ⅲ.①无人驾驶飞机－海洋监
测－监测系统 Ⅳ.①P715

中国版本图书馆CIP数据核字(2021)第108288号

责任编辑：高朝君
责任印制：安　淼

海洋出版社 出版发行
http://www.oceanpress.com.cn
北京市海淀区大慧寺路8号　　邮编：100081
中煤（北京）印务有限公司印刷　　新华书店北京发行所经销
2021年6月第1版　　2021年6月第1次印刷
开本：787mm×1092mm　　1/16　　印张：10.25
字数：180千字　　定价：98.00元
发行部：010-62100090　　邮购部：010-62100072
总编室：010-62100034　　编辑室：010-62100095
海洋版图书印、装错误可随时退换

前　言

　　我国是海洋大国，拥有 18 000 km 的大陆海岸线和包含领海、毗连区、专属经济区、大陆架在内的约 $300 \times 10^4 \ km^2$ 的主张管辖海域。近年来，随着沿海地区国家发展战略规划的全面实施，沿海各地纷纷布局发展临海工业、港口物流、滨海旅游和城镇建设等，用海需求及用海规模持续增长，行业用海矛盾日益突出。海域作为海洋经济发展的物质基础和载体，在促进沿海地区经济社会发展、"建设海洋强国"中的地位越来越重要，引入现代化监管手段成为提升海洋综合管控能力的重要方式。

　　2006 年，国家海洋局启动国家海域动态监视监测管理系统建设，并于 2009 年投入业务化运行。监测手段多采用卫星遥感、有人机航空遥感和地面监测等传统监测方式，其受限于卫星重访周期长、云层遮挡、数据存储容量小、人员安全要求高、应急灵活性差等客观条件，难以满足我国海域监测大面积、多任务、高时空分辨率、多源遥感同步监测和应急持续监测的客观监测需求，特别是难以满足对重点海域、重点项目和突发事件进行多频次、高精度实时持续监视监测的业务需要。而无人机遥感监视监测系统作为一种新型的高分辨率遥感数据获取，以及海域实时动态监测手段，可以快速获取重点海区高精度海洋监测信息，实时跟踪海域动态，对海域目标进行长航时持续监视，监测海域海岛使用状况。与传统卫星遥感和航空遥感相比，无人机遥感监测具有诸多优势，例如，对场地要求低，作业方式灵活快捷，能快速响应并完成拍摄任务；平台构建、维护及作业的成本相对较低；自由搭载任务载荷设备，不仅可以实现空中实时监视，获取 0.1 m 的高分辨率遥感影像，还可根据具体需求更换红外、高光谱、合成孔径雷达（SAR）等载荷在不同光谱和微波频段获取目标信息，在局部多源信息获取方面有着巨大的优势；在有云的天气情况下也可以获取高精度的光学影像；此外，还具有便于携带、移动性高的优点。无人机遥感与卫星遥感、有人机航空遥感以及海巡船等常规监测手段相结合，形成"天空岸海"立体监管模式，能有效提高我国对海域使用状况的动态监测与评价的技术水平。

　　近年来，国家海洋技术中心海域无人机监测团队在支撑海域动态监视监测业务保障工作中，不断地研究探索海域无人机监测的新技术、新方法。作为牵头单位组织实施了海洋公益性行业科研专项"海域无人机监视监测关键技术研究与应用示范"项目

（201405028）、国家重点研发计划"海上目标识别与监视系统集成与应用示范"项目（2017YFC1404900），并结合年度海域动态监视监测任务，针对我国海域动态监视监测和海上目标监视业务需求，研究构建了一系列海域无人机监测技术方法，成功应用于国家海域动态监视监测管理系统业务化工作和海上目标识别与监视研究中，并取得了较好的效果。

　　本书是对海域无人机监测工作的凝练和总结。全书共分七章，在系统分析海域无人机监测工作需求的基础上，从海域无人机监视监测系统设计、海域无人机管控平台构建、无人机测控与数据实时传输、无人机平台海域适用性研究和无人机应用载荷研究等方面进行了分析，并进行了示范验证系统建设，开展了海域海岛资源和开发利用等方面的监测应用，为相关海域监测工作提供了技术案例，不仅为后续深入推广应用打下了基础，还可为其他行业提供借鉴。

　　全书编写具体分工如下：第一章由王厚军、刘惠、彭伟、赵建华编写；第二章由李丹、刘惠、赵雪、徐晓丹、曹海、王平编写；第三章由曹海、刘惠、李丹、王兵、雷建胜编写；第四章由胡楠、赵雪、彭伟、李明、安玉拴、吕林编写；第五章由荆俊平、胡楠、李明、曹海编写；第六章由赵雪、胡楠、丁宁、曹海、王厚军编写；第七章由丁宁、崔丹丹、高宁、王平、王厚军、方朝辉编写。全书由王厚军、刘惠、彭伟通篡和定稿。

　　由于研究的深度和水平有限，一些技术方法尚待实践工作的进一步检验，不足之处在所难免，敬请各位同行和广大读者批评指正。

编者

2021 年 6 月

目　录

第一章　概　述

第二章　海域无人机监控与管理平台

第六章 海域无人机数据处理

第七章 业务化应用示范

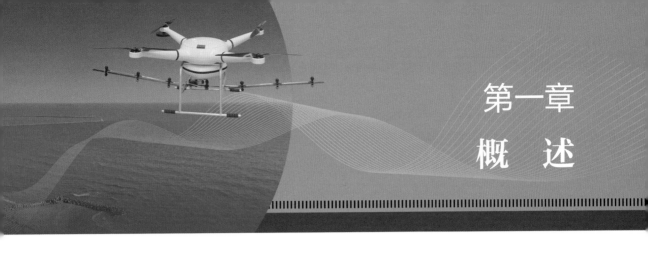

第一章
概　述

　　为加强海域综合管理，及时掌握海域资源现状，促进海域资源合理开发和可持续利用，国家海洋局自2006年起，准确把握住时代发展的脉搏和海洋开发的形势，从海域综合管理的实际需要出发，依法推进了国家海域动态监视监测系统建设，全面开展了海域使用现状监测、海域空间资源监测、综合评价与决策支持等海域动态监视监测业务。海域无人机监视监测是海域动态监视监测业务的重要组成部分。在前期试点工作的基础上，国家海洋技术中心开展了监测业务体系建设，研建了海域无人机监视监测系统，实施了系统业务化应用示范。

第一节　海域动态监视监测

　　海域动态监视监测是以卫星遥感、航空遥感、远程监控和现场监测为数据采集的主要手段，实现对近岸海域的实时监视监测。海域动态监视监测的主要监测内容包括海域资源状况、海域权属现状、海洋功能区实施情况和海洋工程项目建设情况等，以及对海域自然属性进行监视监测，包括海岸线变化、海湾河口变化和海岛资源变化等。

　　海域动态监视监测具有以下特点：一是监测内容全面，包括海域使用现状监测、海域空间资源监测、疑点疑区监测等；二是监测手段先进，采用多源多分辨率的卫星遥感影像、有人机航空遥感影像、无人机航空遥感影像、现场测量测绘和远程视频监控等技术手段。

一、海域综合管理业务与制度

　　《中华人民共和国海域使用管理法》确立了我国的海域管理基本制度为海洋功能区划、海域使用权和海域有偿使用。围绕三项基本制度，海域综合管理业务主要包括海洋功能区划管理、海域使用权属管理、海域使用金管理、区域用海规划管理、围填海计划管理、海域使用统计等。为满足海域综合管理要求，需开展海域动态监视监测工作，对全国海域资源状况和海域使用现状进行监视监测，在此基础上开展分析评价工作，为海域综合管理提供技术支撑。

我国于 2005 年正式启动海域动态监视监测工作，《国家海域使用动态监视监测管理系统建设与管理的意见》《关于印发国家海域使用动态监视监测管理系统业务化运行职责分工意见及数据资料管理办法的通知》《关于全面推进海域动态监视监测工作的意见》《关于印发〈海域使用统计管理暂行办法〉的通知》等文件的发布，加强了海域使用监视监测的管理。《建设项目海域使用动态监视监测工作规范（试行）》《区域用海规划实施情况监视监测工作规范（试行）》《海域使用疑点疑区监测核查工作规范（试行）》《县级海域动态监管能力建设项目总体实施方案》《县级海域动态监管能力建设技术指南》等管理制度和标准规范的制定，标志着国家、省、市、县四级海域动态监视监测业务机制的建立，提升了海域综合管理网络化、信息化、科技化水平。

二、海域动态监视监测信息化建设

为全面掌握我国海域开发利用状况，国家海洋局依据《中华人民共和国海域使用管理法》第五条规定"国家建立海域使用管理信息系统，对海域使用状况实施监视、监测"，从 2006 年启动建设国家海域动态监视监测管理系统，并于 2009 年业务化运行；建立了国家、省、市、县四级海域动态监管业务体系，布设了覆盖国家、省、市、县四级海洋部门的专线传输网络，利用卫星遥感、航空遥感、远程监控、现场监测等手段，对我国近岸海域开展立体、实时监测，积累大量遥感影像和海域管理数据，实现各级海洋部门"一个网"、各类海域管理数据"一张图"，为海域管理和执法提供有效的技术支撑。

国家海域动态监视监测管理系统是以政府管理和社会需求为导向，以国家、省、市、县四级海域动态监管机构为支撑，充分运用地理信息系统、遥感和计算机网络等信息技术，通过卫星遥感、航空遥感、现场监测和视频监控等手段，对我国海域空间资源状况和海域开发利用现状进行全天候、全覆盖、全要素监视监测，对海洋功能区划、海域使用权属和围填海管理等海域综合管理业务进行信息化管理。

三、海域动态监视监测业务内容

海域动态监视监测是国家海域动态监视监测管理的一项重要业务工作，是全面服务于海域综合管理的重要手段。海域动态监视监测不同于海洋环境监测和海洋观测预报。海洋环境监测主要侧重于海水水质、海洋生物多样性和海洋沉积物等海洋环境要素的监测；海洋观测预报主要侧重于波浪、水温、海流、海冰和风暴潮等海洋水文要素及气象要素的观测和预报；海域动态监视监测侧重于海岸线、海湾和滩涂等海域空间资源和建设项目用海、区域用海规划、海域海岸带整治修复项目、海域使用疑点疑区等海域使用现状空间要素的监测。根据海域综合管理要求，海域动态监视监测业务可分为海域使用现状监测、海域空间资源监测、综合评价和决策支持以及监视监测业务管理。

（一）海域使用现状监测

海域使用现状监测主要包括建设项目用海监测、区域用海规划监测、海域海岸带整治修复项目监测和海域使用疑点疑区监测等。

1. 建设项目用海监测

建设项目用海监测指为及时掌握重点建设项目用海进展及对周边海域资源的影响，利用遥感监测、现场监测和远程视频监控等手段，对城镇建设用海、港口用海、工业用海等建设项目用海开展用海界址、面积、施工方式、施工进展情况、实际用途以及周边岸滩演变情况等方面的监测。

2. 区域用海规划监测

区域用海规划监测指对区域建设用海规划和区域农业围垦用海规划开展规划内围填海界址与面积、施工方式、施工进展情况、用海确权及登记情况、实际用途以及周边岸滩演变情况等方面的监测。

3. 海域海岸带整治修复项目监测

海域海岸带整治修复项目监测指对国家及各省区批复的海域海岸带整治修复项目开展整治修复范围及面积、施工内容及方式、施工进展情况以及周边岸滩演变情况等方面的监测。

4. 海域使用疑点疑区监测

海域使用疑点疑区监测指通过遥感监测、视频监控、岸线巡查和群众举报等途径发现疑似违法违规用海，并对其用海位置、界址与面积、用海方式以及实际用途等进行监测。

（二）海域空间资源监测

海域空间资源监测主要包括海岸线监测、滩涂监测和海湾（河口）监测等。

1. 海岸线监测

海岸线监测指通过遥感监测、现场监测等手段对海岸线类型及长度变化进行监测，及时掌握岸线变迁和自然岸线保有率及人工化比例。

2. 滩涂监测

滩涂监测指利用遥感监测、现场监测等手段对滩涂类型及面积变化进行监测，及时掌握滩涂变化情况。

3. 海湾（河口）监测

海湾（河口）监测指利用遥感监测、现场监测等手段对海湾（河口）的岸线变化、面积变化和海湾内围填海情况等开发利用现状进行监测。

（三）综合评价和决策支持

1. 海域使用现状分析评价

为全面掌握本地海域开发利用现状，利用本地海域使用权属、发现的疑点疑区及海籍调查等海域管理数据，结合收集的海洋经济数据，通过海域开发利用强度、海域使用率等指标，分析评价所辖区域的开发利用情况及投入产出效益，编制海域使用现状分析评价报告。

2. 海域空间资源状况评价

为全面掌握本地海域空间资源状况，利用海岸线、海湾（河口）和滩涂等监测数据，分析评价本地海域空间资源状况及变迁情况。按不同的海域空间资源类别，编制海域资源状况评价报告。

3. 海洋功能区划实施情况分析评价

根据本地省级和市县级海洋功能区划，结合海域开发利用现状资料进行统计和空间叠置分析，对海域开发利用现状与功能区划的一致性进行分析评价，并分析各海洋功能区已开发利用空间及发展潜力。同时，结合海洋产业情况及效益情况，开展海洋功能区划的布局合理性分析，并评价海洋功能区划实施效果。

4. 海域使用统计分析

利用本地海域使用权属信息，每月或每季度按用海区域、用海类型、用海方式对海域使用项目确权情况、注销情况、海域使用金征缴情况进行分析，并与历年同期数据进行对比分析，利用图表等形式展示海域使用项目、用海面积及海域使用金等变化趋势。每月或每季度编制海域使用统计分析报告。

5. 海域使用项目技术审查

海域管理部门受理海域使用项目申报材料后，可委托本级海域动态监管中心开展技术审查，从海洋功能区划符合性、与管理岸线的吻合性、用海权属的唯一性、用海界址及面积的准确性、有无未批先建等方面对项目用海申请进行技术审查，必要时进行现场监测，出具项目用海技术审查报告。

6. 海域使用执法技术支持

各级海域动态监管中心可根据本级海域执法部门委托，联合开展海域使用执法现场监察工作，海域动态监管中心利用系统中的权属数据和实时动态定位（RTK）等测量设备，现场测量违法违规用海界址点坐标和用海面积，为海域执法部门提供海域使用面积测量报告。

（四）监视监测业务管理

1. 年度工作方案编制

为全面开展年度监视监测业务，各地需编制年度海域动态监视监测工作方案，包括明确年度工作目标、具体开展监测与分析评价任务，监测频次及成果要求等。

2. 海域动态监视监测工作简报编制

除各专项任务出具专题的成果外，各地每月或每季度汇总近期监视监测成果，编制工作简报，便于各级海域管理部门及上级监管中心及时掌握工作进展信息。

3. 年度工作总结报告编制

年终各级海域动态监管中心汇总全年开展的监视监测与分析评价成果及系统运行维护工作，编制本地海域动态监视监测年度工作总结报告。

第二节　海域无人机监视监测

无人机遥感监测技术作为一种新型的高分辨率遥感数据获取及实时监测手段，在国土测绘、电力、农业和海事等行业有着广泛的应用。与传统卫星遥感、有人机航空遥感和地面现场监测相比，无人机遥感监测具有诸多优势，主要表现在：数据精度高、移动性好、作业难度低、响应快速，可根据任务需要搭载不同载荷获取多源数据等。将无人机遥感监测技术应用于海域综合监管，可有效提升海域海岛开发利用活动监测、海洋灾害监测、海洋环境监测、海洋维权执法等业务能力。同时，无人机遥感监测技术可结合卫星遥感、有人机航空遥感以及现场监测等常规监测手段，形成"天空岸海"立体监管模式，将有效提高对我国海域使用状况的动态监测与评价技术水平。

一、海域无人机监视监测试点

2011 年，海域动态监视监测业务中首次引入无人机遥感监视监测技术，并在江苏、辽宁、海南开展了无人机航拍试点作业。在江苏省对连云港全市海岸线进行了航拍，获取了逾 300 km² 岸线的影像资料，真实清晰地呈现了连云港海岸线利用现状。对江苏南通市如东县养殖用海和滨海园区建设用海进行了航拍，获取了 500 km² 用海区域的影像资料，空间分辨率达到 0.2 m，远远高于卫星遥感监测，其成果直观性更强，对围填海工程建设用海以及紫菜浮筏养殖用海的监测也取得了较好的效果。在辽宁省对大连长兴岛临港工业区、盘锦辽滨沿海经济区、锦州市新能源和可再生能源产业基地 3 个重点区域 980 km² 的用海进行了 0.5 m 精度的无人机航拍，获取的航拍影像直观准确地反映了区域用海规划内的围填海用海情况，有效支撑了海域管理和海监执法工作。

通过试点测试了多种无人机以及搭载的各型遥感监视监测数据采集、接收和处理装备；探索了无人机操作、影像快速获取、数据快速处理、信息加工集成和变化信息自动提取等技术方法和技术指标，研究构建了海域无人机监视监测管理模式、管理制度和技术规范；成立了多支海域无人机遥感监视监测技术团队；从监测内容、监测频率、监测精度等方面探索了对重点海域和重点用海项目的无人机监视监测，研究了无人机监视监测成果在海域管理与执法工作中的实际应用，形成海域管理、海监执法与动态监测三者之间的信息共享和协同作业机制。

二、海域无人机监测业务体系的构建

随着试点应用的成功，海域动态监管部门陆续购置了无人机系统，开展无人机监视监测业务应用。目前，海域无人机主要应用于重点用海项目监测、围填海工程用海监测、区域用海规划监测、海域使用疑点疑区监测、海域资源调查和海洋环境监测等方面，已经由试点应用走向业务化运行，有效地提高了海域资源开发管理工作效率。随着业务需求和无人机技术的发展，在海域动态系统中，无人机的数量、监测范围和监测内容呈逐年增长态势。

由于缺乏统一的业务体系，各种问题逐渐暴露。例如：分散、孤立的作业方式在飞行准备、飞行执行、数据处理和数据应用等多环节上，没有统一的标准和规范，导致无人机飞行作业存在严重的安全隐患；不同机型及载荷互联互通适用性弱，不具备协同作业能力；数据传输能力有限，无法实现实时共享；装备对海洋环境的适应性差；作业的稳定性、安全性无法保障；数据质量缺乏控制手段；数据安全无法保障、信息共享难以实现等。随着无人机技术发展和海域监视监测业务迫切需求，亟须构建完整的海域无人机监测业务体系。

（一）将无人机监视监测纳入国家海域动态监视监测业务体系

以海域动态监视监测总体架构为基础，增加了海域无人机监视监测内容，即：在感知层增加无人机监视监测技术手段；数据传输层组建无人机通信网；在综合信息支撑层补充研建无人机综合管控平台，并接入国家海域动态监视监测系统；业务应用层梳理构建无人机业务流程；在安全防护体系和标准规范体系中补充无人机应用相关内容，如图 1-1 所示。

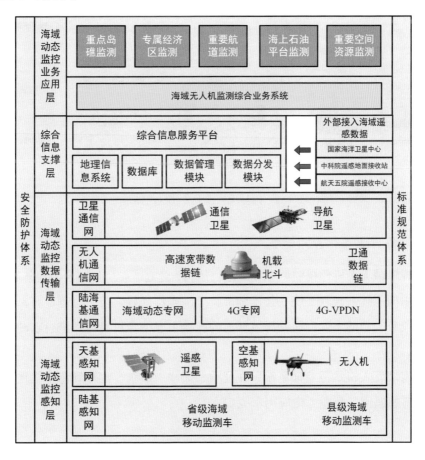

图 1-1　海域动态监视监测总体架构

（二）研建海域无人机监视监测系统

以海洋通信专网为基础，以海域无人机系统和海域无人机基地为核心，以现行海域动态监视监测业务体系为指导，重点开展了基于地理信息系统（GIS）的可视化无人机监控与管理平台研究、海域无人机网络化测控技术研究、无人机平台海域环境适应性研究、海域无人机现场作业研究、海域无人机数据处理与综合应用技术研究等关键技术研究，形成了包含任务规划、数据获取、数据远程传输、数据分析处理和运行保障的完整海域无人机业务化应用体系，如图1-2所示。

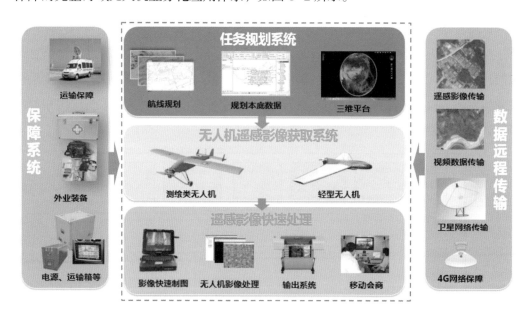

图1-2　海域无人机业务化应用体系

（三）推行业务化应用示范

为实现海域无人机监视监测业务规范化运行，建立了统、分结合的业务运行机制。"统"即由国家统一规划，统一技术标准，统一操作规程，统一管理监督；"分"即各地根据业务类型的不同，所处海域环境的差异采取符合自身特点进行软硬件配置和业务运行。

建立海域无人机示范验证系统，在辽宁、天津、山东、江苏和海南等地开展了海域无人机遥感监测平台业务化应用示范。

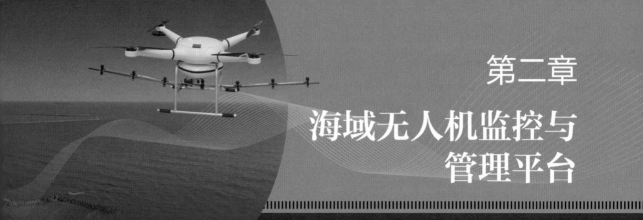

第二章
海域无人机监控与
管理平台

随着海域无人机数量的逐年增加，以及无人机遥感监视监测技术在重点用海项目监测、围填海工程建设用海监测、区域用海规划监测、海域使用疑点疑区监测、海域资源调查和海洋环境监测等方面的广泛应用，亟须构建海域无人机监控与管理平台，从设备、人员、作业任务、监测数据、基础信息管理、现场无人机指挥与监测等方面进行统一管理，实现海域无人机作业、业务数据与基础信息的全流程规范化管理，及时掌握各无人机系统的作业状态，满足海域业务监控的精细化管理要求。

第一节　业务需求分析与流程设计

一、业务需求分析

（一）任务管理需求

随着海域无人机监视监测试点运行的推广与普及，各试点单位建设了无人机基地，配备了多种类型无人机，培养了无人机飞行作业与数据处理团队，开展了机动灵活的监测作业。但是各单位均处于独立工作的单点作业模式，飞行监测任务的完成流程不尽相同，各试点单位的无人机系统设备资源使用不均衡，对设备、人员以及飞行任务缺乏统一规范化管理，制约了无人机监测业务水平的提升，从国家统一管理层面缺乏对无人机监视监测任务质量、效率和风险等进行有效监管，难以满足海域无人机监测协同作业、规模化应用的业务化需求。

因此，建立一个统一的管理平台极为必要，便于为各级海域无人机基地提供技术支撑与服务，整合各试点的无人机资源，规范并以信息化手段辅助完成无人机资源的申请、审批、调度、执行、数据汇交和生成飞行报告等各个环节的工作流程，以技术手段有效地规范和记录无人机各个任务节点的状况，满足海域监管单位实时查看各无人机任务执行情况的需求，从而使其全面掌握无人机业务开展情况，实现对无人机系统业务化管理，从整体上提高全国海域无人机资源的使用效率，并为安全管理提供有力的技术支撑。

（二）数据管理需求

海域无人机监测数据处理需要配置专业的数据处理软硬件以及专业的遥感数据处理人员，相关投入较大，而各地经济发展情况和面临的海域监测任务各不相同，势必造成系统数据处理质量、数据成果标准、数据处理规范等的不一致，即使各单位无人机监测数据单独存储与管理，也难以保证数据的安全性，致使资源利用不合理、成果共享不流畅。

建设国家统一管理平台，引入海量数据分布式存储技术，实现海域无人机数据的统一管理，并根据海域监视监测需求，制定数据共享、分发和处理的相关标准，消除数据孤岛，提高数据质量和利用率。通过系统向业务管理部门或基地提供集中式数据存储、数据处理等服务，有利于提高资源利用率，实现海域数据统一化管理，从而极大地提升无人机在海域监视监测业务领域的应用水平。

（三）全局系统监控需求

海域无人机监测系统包括：无人机平台、载荷、移动地面站、传输链路和移动车载平台等硬件设备，仅通过各无人机厂商自有的移动管理平台对上述监控对象的部分运行状态进行分散监控，不能形成统一的运行状态监控与管理体系，也无法对监控数据进行关联综合分析，不能对无人机业务的总体运行态势和设备的工作状态以及适用性进行有效评估。

通过搭建海域无人机监控与管理平台，以标准的接口、统一的系统实现全局无人机业务运行状态的实时监控。在管理层面，该平台的建立可以使海域管理部门全面掌握无人机业务整体工作情况；在技术层面，可以基于无人机、载荷、链路、移动地面站和车载平台等多源监控数据开展综合分析和数据挖掘，充分运用人工智能技术为海域无人机业务的科学发展提供强大的辅助决策技术支持。

（四）应急监测任务需求

近年来，在海洋资源开发、海洋生态环境和海洋自然灾害等方面的突发事件频发，为及时了解各种突发事件对于相关海域的影响并及时做出评估和处置，最大限度地减少人民生命和财产损失，海域突发事件快速应急响应能力建设是海域动态监视监测业务的重要需求。从技术角度看，快速应急响应能力的提升需要数据和信息的实时提供，无人机具有机动灵活的特点是应急监测的重要手段，为保障无人机监测应急任务能够快速出动和及时响应，需要及时为无人机飞行提供测控、通信和地理信息等技术及资源保障，同时提供遥感数据的快速采集、传输和预处理技术，确保及时、快速地完成应急监测任务。

为此，进行了海域无人机监控与管理平台的建设，设计行之有效的应急业务流程，在满足监测任务数据采集系统和数据传输设备配置基础上，建设应急通信保障体系，将卫星通信、虚拟专有拨号网（VPDN）无线通信网络、有线网络等多种通信手段组网，实现应急通信保障的全方位覆盖，从而实现对多源海量监测数据的实时预处理和信息快速传输与分发，确保海域无人机监控与管理平台快速应急响应能力的发挥。

（五）现场测控与指挥需求

无人机监测飞行任务现场需要多个处理环节，包括无人机起飞前的现场设备状态检查、飞行航迹规划、飞行中设备（无人机、载荷、链路）状态的实时监测与控制和海域监视监测管理系统实时数据通信等。现场测控与指挥作为海域无人机监控与管理平台的重要组成部分，主要部署在前端移动车载平台上。根据应用环境的不同，部署在移动监测车或便携地面站上，以实现对现场任务准备、实施及总结三个阶段的全程监管。

二、业务流程设计

（一）常规监测任务流程设计

常规监测任务的类型主要包括区域用海规划、重点用海项目、重点海湾、海岸线和沿海滩涂监测等，这些任务具有定期、重复、有计划的监测特点。获取的监视监测数据主要有正射影像数据、视频数据和全景影像数据等，为海域使用监管、资源开发管理工作提供基础信息。随着海域无人机监视监测业务工作的逐步开展，常规监测任务的内容也将逐渐增多。

常规监测任务的流程主要包括制订年度计划、任务创建、任务下发、任务签收、任务领取、任务执行、任务总结和任务评估及归档，如图2-1所示。

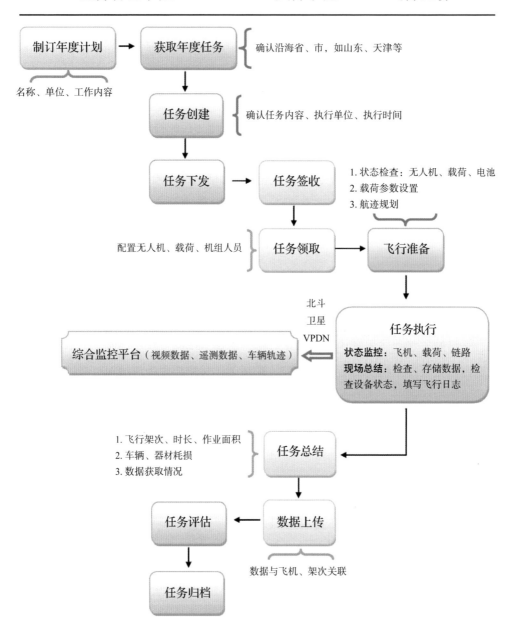

图 2-1　常规监测任务业务流程

制订年度计划：根据本年度重点工作安排、任务紧急程度、海域开发利用情况制订海域无人机监视监测年度作业计划，确定计划名称、单位及工作内容。

任务创建、下发：国家业务管理部门根据年度计划，创建无人机作业任务，任务内容包括任务名称、任务执行单位、时间进度、监测内容、任务巡航区域等，将任务下发到相应的执行单位。

任务签收、领取：执行单位签收任务后，若本单位执行则直接领取任务，若是下级单位执行，则将任务下发，下级执行单位领取任务；领取任务时，执行单位需配置无人机、载荷、视频服务器、机组人员等。

任务执行：无人机操控人员开展必要的飞行准备，包括物资、设备的配备，飞机、载荷的状态检查和参数设置。在飞行条件全部满足的前提下，执行无人机作业任务，并将无人机、载荷、链路等状态信息通过北斗、卫星或 VPDN 链路实时回传至无人机综合监控平台；飞行结束后，现场检查数据质量，及时发现图像模糊、漏拍、重叠度不足、旋偏角或倾角过大、航线偏离过大等影响成图精度的问题，检查无人机、载荷等设备状态并记录飞行日志。

任务总结、评估及归档：现场工作全部结束后，执行单位完成任务总结、数据上传等工作；最后由业务管理部门对任务完成情况进行评估并归档。

（二）应急任务流程设计

应急监测任务是主要针对海域使用中造成重大影响的活动，需要快速启动的无人机监视监测，这类任务具有随时、紧急等特点，以视频监测数据回传为主要业务应用。通过应急监测可将无人机作业现场数据实时回传到指挥中心，使管理部门第一时间对现场给出应急监测决策，极大地缩短应急响应时间，提升海域应急事件的监测能力。

应急监测任务的流程包括飞行准备、任务执行、任务补录、任务总结以及任务评估与归档。发生海域应急事件时，为保障第一时间获取现场影像数据，无须创建任务，任务执行单位直接到达监测现场，操控人员快速完成飞行准备工作；任务执行过程中，通过卫星、VPDN 等通信链路实时回传载荷获取的视频数据和无人机飞行轨迹，第一时间为后方指挥中心提供现场影像数据；作业现场完成飞行任务后，现场检查获取的影像数据，检查设备状态并记录飞行日志；后续开展飞行任务的补录、总结、评估及归档等工作（图 2-2）。

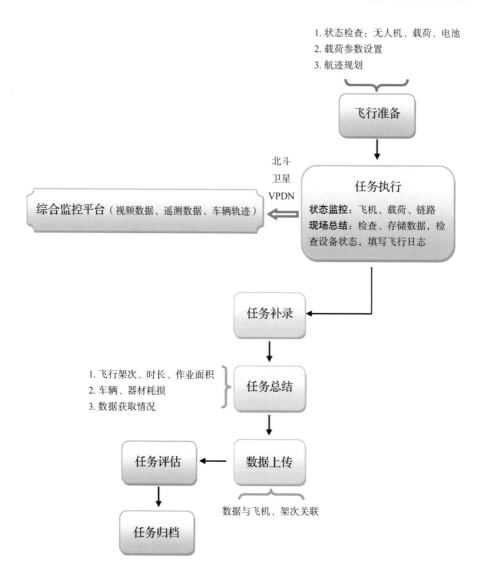

图 2-2　应急监测任务业务流程

第二节　平台总体设计

一、平台架构设计

在海域动态监视监测管理体系中，国家层面设立了业务中心，规划了国家、省、市、县四级业务体系，为适应海域动态监视监测多级业务体系，同时满足现场测控和中心指挥的不同延时和性能上的需求，海域无人机监控与管理平台规划为两个子系统，即现场测控与指挥分系统和业务监控与管理分系统。其中，现场测控与指挥分系统主要负责完成无人机测控和数据采集及数据传输；业务监控与管理分系统负责对任务规划、无人机飞行实时监测、业务数据存储、管理及应用等。

为满足现场业务人员的高性能、高可靠性和高实时性的需求，现场测控与指挥分系统设计为 C/S 架构的形式；为满足多级管理体系人员并发访问需求，业务监控与管理分系统采取 B/S 架构设计。海域无人机监控与管理平台建设遵循"统一设计，模块配置，分级部署"的设计部署原则。其架构如图 2-3 所示。

图 2-3　平台架构

（一）应用展示层

应用展示层主要实现系统面向用户的业务功能展示，根据不同的用户需求，将应用层划分为不同业务应用系统，各业务应用系统中的功能实现依赖于业务服务层的相应服务。应用展示层根据系统统一的访问控制策略，按照标准接入海洋通信专网。

（二）传输层

传输层网络主要包括海洋通信专网（有线）、VPDN 无线通信网络和卫星通信等。

（三）业务服务层

业务层是整个系统的核心，包括对底层的物理资源及各类数据进行有效管理，为上层的应用提供部署环境和业务逻辑。

大规模服务器管理方面，系统实现对各业务应用进行物理资源的按需分配，以提高资源利用效率，并简化部署以降低运维成本。

海量异构数据管理方面，系统充分考虑到海量数据的接入和存储的能力，利用数据管理实现对海量异构数据的高效管理。

系统利用面向服务的架构（SOA）为业务应用的构建提供业务支撑，并利用服务引擎为业务应用的运行提供部署环境。

（四）数据层

系统支持多种存储方式，以适应不同形式的数据的存储需求，满足不同效率的访问需求。主要包括文件系统和数据库两种方式。文件系统用于存储大数据集和非结构化数据；数据库用于存储结构化数据。

二、平台组成

海域无人机监控与管理平台（图 2-4）主要由两大软件组成：业务监控与管理分系统和现场测控与指挥分系统。

业务监控与管理分系统主要包括任务管理模块、数据管理模块、全局任务监控模块和系统管理模块。业务监控与管理分系统是面向国家海域无人机业务的综合服务平台，用于海域无人机实时任务监控、作业任务管理、人员及设备管理、监测数据与基础信息管理等，可实现海域无人机监视监测的全流程规范化管理，与现场指挥与测控软件进行实时数据通信，可以及时掌握各无人机系统的作业状态，满足业务监控的精细化管理要求，实现海域无人机作业、业务数据与基础信息的统一化管理。

现场测控与指挥分系统作为海域无人机地面站系统的重要组成部分，主要实现对海域无人机现场作业任务的全程测控，并通过海洋通信专网与海域无人机监控与管理平台相结合，实现对海域无人机作业任务的一体化监管。现场测控与指挥分系统主要实现了对现场任务执行前、中、后三个阶段的全程监管，任务执行前主要完成无人机起飞前的现场设备状态检查及飞行航迹规划等工作；任务执行过程中主要完成无人机、载荷、链路设备状态的实时监测与控制、数据实时处理等，同时通过海洋通信专网与国家海域动态监视监测管理系统进行数据通信，实现对现场任务状态的实时监控；任务后期主要完成任务相关数据管理和设备状态总结。

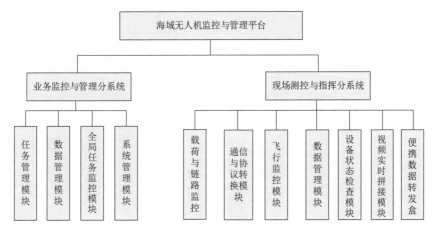

图 2-4　平台组成

三、接口设计

现场测控与指挥分系统需实现任务领取接口、航迹上传接口、实时数据连接请求接口、实时数据关闭接口、实时数据传输接口设计；业务监控与管理分系统需实现业务信息获取接口设计。系统接口如表 2-1 所示。

表 2-1　系统接口

系统	接口名称	接口描述
现场测控与指挥分系统	任务领取接口	现场通过 TCP 形式与中心建立连接，发送用户名密码，中心软件核对用户名和密码后，将相关的任务信息发送到规划软件
	航迹上传接口	现场通过 TCP 形式与中心建立连接，发送用户名密码，中心软件核对用户名和密码后，中心发送确认信息后，现场将航迹文件上传到中心软件
	实时数据连接请求接口	现场主动连接到指定 IP（中心软件），发送任务 ID，然后关闭连接
	实时数据关闭接口	现场软件关闭连接
	实时数据传输接口	中心软件建立通信线程并初始化，以 TCP 的形式主动连接现场软件
业务监控与管理分系统	业务信息获取接口	需与业务系统开发单位确定接口方式

四、顶层数据流

海域无人机监控与管理平台的顶层数据流如图 2-5 所示，详细信息见表 2-2。

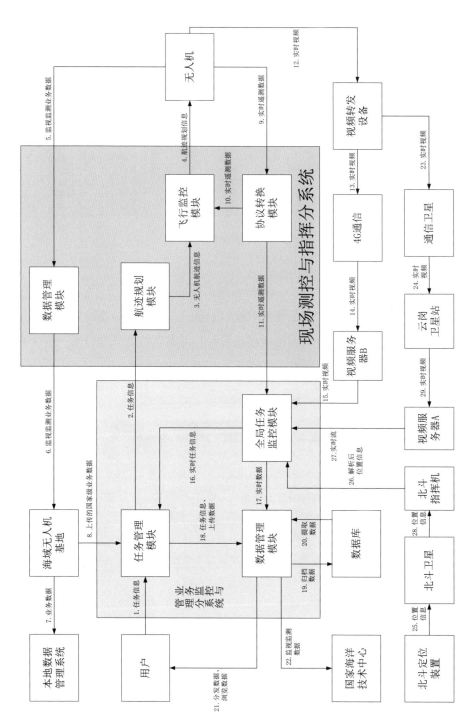

图 2-5 顶层数据流

表 2-2　系统顶层数据流详细信息

编号	数据流名称	发送方	接收方	描述
1	任务信息	用户	任务管理模块	用户向业务监控与管理分系统提交任务信息
2	任务信息	任务管理模块	航迹规划模块	业务监控与管理分系统下达任务信息给现场指挥与测控软件
3	无人机航迹信息	航迹规划模块	综合监控模块	航迹规划模块发送无人机航迹信息给综合监控模块
4	航迹规划信息	综合监控模块	无人机	综合监控模块将航迹规划信息推送给现场无人机
5	监视监测业务数据	无人机	现场数据管理模块	无人机将飞行业务数据保存至现场数据管理模块
6	监视监测业务数据	现场数据管理模块	海域无人机基地	海域无人机基地从现场数据管理模块获取业务数据
7	业务数据	海域无人机基地	本地数据管理系统	海域无人机基地将业务数据保存在本地数据管理系统,进行备份
8	上传的国家级业务数据	海域无人机基地	任务管理模块	基地通过任务管理模块上传国家级业务数据
9	遥测数据	无人机	协议转换模块	无人机通过数据链传输遥测数据给协议转换模块
10	实时遥测数据	协议转换模块	综合监控模块	协议转换模块将转换后的实时遥测数据发送给综合监控模块
11	实时遥测数据	协议转换模块	全局任务监控模块	现场指挥与测控软件将协议转换后的实时遥测数据通过 4G 网络或卫星通信传给业务监控与管理分系统
12	实时视频	无人机	图传设备	通过数据链将实时视频从正在飞行的无人机传到图传设备,用于视频解码
13	实时视频	图传设备	实时视频发送设备	图传设备将解码后的视频发送给实时视频发送设备,进行实时视频发送
14	实时视频	实时视频发送设备	视频服务器 B	实时视频发送设备与接收设备之间通过 4G 网络、卫星通信或有线进行传输

续表

编号	数据流名称	发送方	接收方	描述
15	实时视频	视频服务器 B	全局任务监控模块	实时视频接收设备将实时视频发送给全局任务监控模块用于显示
16	实时任务信息	全局任务监控模块	任务管理模块	全局任务监控模块向任务管理模块发送任务状态更新信息
17	实时视频	全局任务监控模块	数据管理模块	全局任务监控模块将实时视频推送给数据管理模块入库保存
18	任务信息、上传数据	任务管理模块	数据管理模块	通过任务管理模块将任务信息和业务数据向数据管理模块推送入库
19	归档数据	数据管理模块	数据库	数据管理模块将需要归档的数据推送给数据库进行存储和管理
20	提取数据	数据库	数据管理模块	数据管理模块从数据库中提取数据
21	分发数据、浏览数据	数据管理模块	用户	通过数据管理模块用户分发数据和浏览数据
22	监视监测数据	数据管理模块	国家海洋技术中心	通过数据管理模块向国家海洋环境监视监测中心推送业务数据
23	实时视频	图传设备	通信卫星	通过图传设备向通信卫星发送实时视频
24	实时视频	通信卫星	云岗卫星站	通信卫星向云岗卫星站推送实时视频
25	位置信息	北斗定位装置	北斗卫星	北斗定位装置向北斗卫星发送位置信息
26	位置信息	北斗卫星	北斗指挥机	北斗卫星向北斗指挥机发送位置信息
27	实时视频位置信息	云岗卫星站	视频服务器 A	云岗卫星站向视频服务器 A 发送实时视频信息
28	位置信息	北斗指挥机	全局监控模块	北斗指挥机通过串口向全局监控模块推送北斗位置信息
29	实时视频	视频服务器 A	全局监控模块	全局监控模块向视频服务器 A 申请实时视频

第三节　业务监控与管理分系统设计与实现

一、系统架构设计

　　业务监控与管理分系统的系统架构主要包括业务应用层、业务支撑层和数据层。业务应用层由任务管理模块、全局任务监控模块、数据管理模块和系统管理模块组成。业务支撑层则以开放服务网关协议（OSGI）为框架、动态响应机制以及地理信息系统（GIS）平台，为软件建设提供技术支持。数据层贯穿系统各个部分，主要包含业务数据、基础信息数据等，通过关系数据库、空间数据库、模型数据库和元数据库多种形式进行管理和存储（图2-6）。

　　系统设计遵循表现层、业务逻辑层、数据访问层的三层架构体系，业务逻辑层和数据访问层相对独立和分离，修改数据访问层不影响业务逻辑层，保证业务与数据的松耦合。

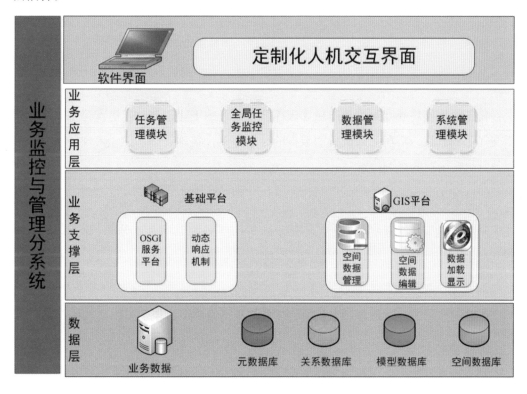

图2-6　业务监控与管理分系统架构示意

二、软件组成

业务监控与管理分系统功能主要包括：任务管理功能、数据管理功能、全局任务监控和系统管理功能，分别由任务管理模块、数据管理模块、全局任务监控模块和系统管理模块来实现。具体功能如图2-7所示。

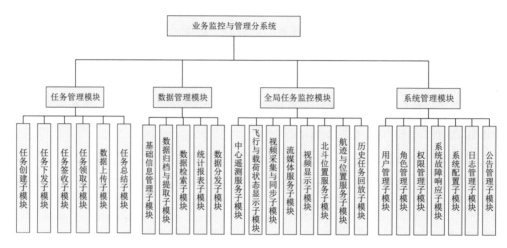

图2-7　业务监控与管理分系统具体功能

（一）任务管理模块

任务管理模块规范化管理海域无人机飞行任务的下达、签收、进度跟踪以及数据汇交等业务流程，实现无人机监测数据的分级存储、集中管理功能，实现历史飞行任务及其执行情况的查询检索功能。

1. 任务创建子模块

各级用户可在此管理自己创建的任务，包括计划采用的载荷种类、要监测的时间和地点、监测目的的描述，并确定要监测的地理区域。

2. 任务下发子模块

任务创建后，经过任务下发模块将任务信息下发给下级组织机构或者执行基地。

3. 任务签收子模块

任务创建并下发给下级单位后，由下级单位通过系统进行任务签收，签收后可以进行下一级的任务下发，直至执行单位为无人机基地。

4. 任务领取子模块

任务规划通过后，系统总结任务的基本信息，向作业人员下达任务执行指令，作业人员领取执行所需必要信息，指导作业现场开展无人机业务飞行。

5. 数据上传子模块

任务执行完毕后，将任务执行产生的视频、图片数据通过统一接口导入中心数据库或基地数据库进行归档，在上传的过程中显示上传进度。

6. 任务总结子模块

业务数据上传完毕后，由专门人员对整个任务执行情况进行总结。总结内容主要包括飞行用时、飞行架次、执行时间、数据总量、器材损耗、航拍影像数据量、监测面积和飞行质量。

（二）数据管理模块

数据管理功能主要提供基础数据与业务数据管理功能，如无人机、载荷、指控车和便携式地面站等设备数据；飞行控制人员、后勤人员和基地工作人员等人员数据；无人机基地数据；无人机的监视监测数据等。并提供数据存储、归档和检索等功能。

1. 基础信息管理子模块

针对人员、设备和基地等基础信息进行管理，完成基础信息的增、删、改、查。基础信息的管理入口由数据管理用户前台操作实现。提供对人员、设备和基地等基础信息的检索功能。该检索提取功能用于提供配置任务的详细信息，如无人机型号、载荷信息、操控人员信息等。

2. 数据归档与提取子模块

数据归档功能主要实现无人机海域监视监测任务获得的遥测数据、原始数据、各类产品数据和基础地理信息数据等各类上传数据的质量检查和归档存储，以便系统地检索和利用。在归档前进行数据质量检查，若数据质量符合要求则进行归档，否则拒绝数据归档。

数据提取是在用户提出数据请求后数据管理模块将数据从文件系统中提取出来以供下一步操作。

3. 数据检索子模块

数据检索功能模块负责数据的检索功能，通过立体像对数据检索、空间检索、时空检索、元数据检索、组合检索、任务检索等多种检索方式，实现对遥测数据、影像原始数据、专题数据产品（针对实时或近实时数据预处理后的产品）、各类产品数据及其他相关数据的检索，并将检索到的立体像与数据、遥测数据、矢量数据等结合，使用专用的测绘产品数据浏览软件以二维、三维等各种直观的方式展现给用户，供用户浏览选择，并提供针对各类数据的分析提取工具。

4. 统计报表子模块

无人机业务数据的统计：负责根据无人机遥测数据、影像原始数据、各类产品数据及相关的访问信息，完成对归档检索提取任务、数据覆盖率等的统计与分析，如以柱状图或曲线图表示业务数据的数据量随时间的变化情况，将统计结果自动入库保存，同时以表格、柱状图、圆饼图、曲线图等形式展现，为系统管理人员维护系统提供参考。

人员设备等基础信息的统计：负责统计人员、无人机系统的设备状态的基础信息统计，如统计基地人员具有操控无人机资质、某型号无人机飞行时间、某型载荷的工作状态和某型通信设备的近期工作状态等，其中以柱状图或曲线图表示每月无人机飞行时间和载荷的工作时间，以饼状图表示人员资质或学历分布情况，以柱状图或饼状图表示人员或设备随时间变化情况，根据统计结果，自动生成统计分析报表，并提供报表下载的功能。

任务相关报表的统计：负责统计任务日志、任务总结报告以及任务评估报告等与任务相关的报表。根据统计结果，自动生成相关报表，用户可以查看，并提供下载相关报表或文档的功能。

5. 数据分发子模块

数据分发功能包括用户可以对无人机监测数据（图片和视频）进行预览、下载，查看详细信息和对比。

数据预览：用户通过浏览器可以直接对无人机监测的数据进行初步查看，可以直接对图片进行显示（分辨率大于 300×400 dpi），可以在 B/S 客户端进行预览视频（视频分辨率大于 300×400 dpi）的播放、暂停和停止。

数据下载：用户可以根据预览的结果来确定要下载的数据，对选中的数据进行基于网页的下载。

数据对比：用户可以选择多个图像或视频进行同时显示，方便对比，并显示图像或视频的相应元数据信息，多个视频时可以同时进行播放和暂停，通过人工比对可以较方便地发现变化区域，实现变化检测。

数据定位：用户选择图像或视频后可以在基础地理数据库中显示其地理位置，方便用户快速定位。

6. 模块接口

数据管理模块控制流如图 2-8 所示。

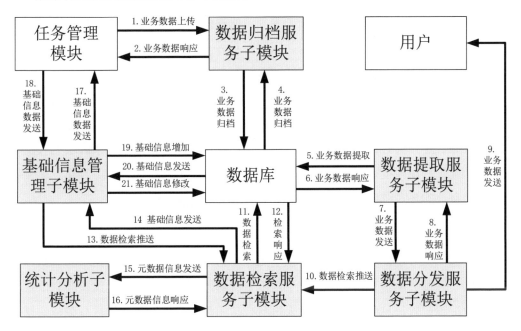

图 2-8　数据管理模块控制流

数据管理模块数据流如图 2-9 所示。

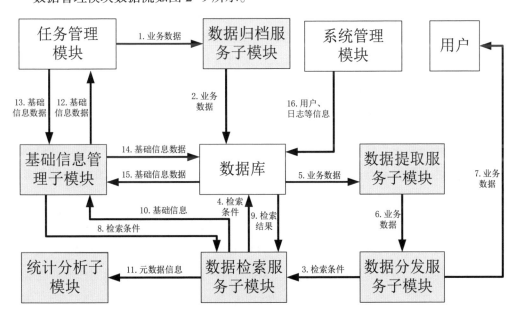

图 2-9　数据管理模块数据流

（三）全局任务监控模块

全局任务监控模块负责无人机飞行任务的实时监视与控制，主要包括飞行与载荷状态显示、视频采集与同步、中心遥测服务、流媒体服务、实时视频显示、航迹和位置显示以及历史任务回放等功能模块，实现了对无人机飞行状态的监视、载荷状态监视、实时视频显示、北斗终端位置信息显示及无人机航迹展示等功能。

全局任务监控模块通过数据库同步的方式从现场指挥测控软件获取无人机以及相关设备的实时信息，通过更新中心实时数据库实现海域无人机监视监测任务执行状况的统一发布，用户通过访问业务管理系统的全局任务监控页面了解整个海域无人机业务开展情况，利用深度定制化的 GIS 服务，显示无人机基地、飞行任务及作业无人机的实时信息，实现对海域无人机监测任务全局情况的实时监控。

1. 中心遥测服务子模块

中心遥测服务子模块主要实现对现场测控与指挥分系统数据传输请求的监听和响应以及实时遥测数据的接收与解析。主要负责将解析完成的数据发送到航迹与位置服务子模块进行位置信息的更新，将无人机与载荷的状态数据发送到飞行与载荷信息服务模块进行状态信息的更新，将解析出的任务信息发送到视频采集与同步子模块进行视频转发，同时接收任务回放模块的历史遥测数据进行历史遥测的回放。

2. 飞行与载荷状态显示子模块

根据解析的遥测信息得到无人机飞行状态信息和无人机系统载荷状态信息，用户通过 B/S 客户端直接获取执行任务的无人机实时飞行状态和载荷状态，实时掌握任务执行状况。

3. 视频采集与同步子模块

视频采集与同步子模块主要负责接收并采集视频转发设备的实时视频，并将视频转发到流媒体视频服务器进行视频发布。视频采集与同步子模块接收中心遥测服务子模块的指令开始视频监听，在确认接收到视频后将遥测与视频的同步时间发送到中心遥测模块准备遥测数据服务的发布。再根据任务 ID 将视频发布到流媒体服务器。利用通信中继实现实时视频由作业现场到指挥中心的转发。遥测与视频分别由两条相互独立的链路传输，引入的延迟不确定，且在同时进行多现场作业时不同任务的视频与遥测数据无法匹配，这将大大制约系统的实时监测能力。而人工进行匹配与同步不但对工作人员的要求高而且实时性差，可操作性差。因此，需要研究视频与遥测信息自动匹配与同步技术。

通过如图 2-10 所示的方法来实现视频与遥测的自动匹配与同步。

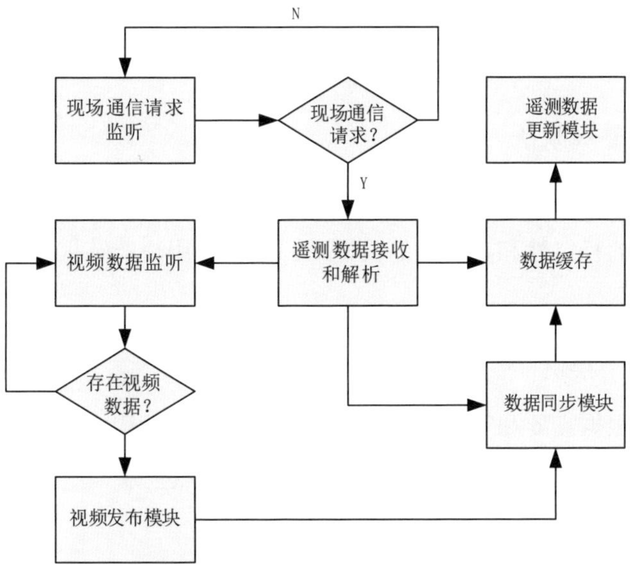

图 2-10　视频与遥测自动匹配与同步技术流程

4. 流媒体服务子模块

主要负责流媒体服务的发布，通过 Red5 或 FMS 等流媒体服务器实现实时视频的直播。

5. 视频显示子模块

通过 B/S 的形式播放视频，根据需求播放对应任务的无人机实时视频或入库的视频文件。

6. 北斗位置服务子模块

接收并解析北斗设备终端发送的位置信息，提供位置发布服务。

7. 航迹与位置服务子模块

从北斗位置服务子模块或中心遥测服务子模块获取无人机或其他设备的实时位置信息，并将这些位置信息作为位置服务交互，作为统一的接口将位置数据发送到 GIS 组件以实现设备实时位置信息显示。

8. 历史任务回放子模块

根据用户的检索条件，获取相应任务，并对此任务的轨迹、参数和视频进行回放，回溯任务执行的情况。

9. 模块接口

全局任务监控模块控制流见图 2-11。

全局任务监控模块数据流见图 2-12。

（四）系统管理模块

系统管理模块实现整个系统的用户管理、权限管理、角色管理和配置管理等功能，从而在确保系统的稳定性和灵活性的前提下，使各类用户能够根据授权情况使用系统相应的界面与功能。

1. 用户管理子模块

管理员可以根据需要和实际情况对系统的各类用户的用户名及其账号信息进行增加、删除、修改和查询。系统支持用户海域系统的单点登录。

2. 角色管理子模块

管理员可以根据需要和实际情况对系统的不同角色的权限进行配置，保证不同角色权限不同，确保系统的安全性。

3. 权限管理子模块

管理员可以根据需要和实际情况对系统配置不同的权限，规定权限等级和范围，保证系统的可用性和安全性。

用户登录系统后，系统根据用户权限来提供相应数据和业务的信息，各省市负责人员可以查看本省市的任务和数据信息，国家业务中心人员可以查看与访问全国的任务和数据信息。

具有不同权限的用户在访问同一个页面时动态显示不同的页面功能，需要动态生成的功能至少包括任务的签收、领取和数据上传等。

4. 系统故障响应子模块

对软件内部各模块运行故障进行识别，须提供故障基本情况和类型，对系统维护人员进行通知提示，方便及时采取必要措施。

5. 配置管理子模块

提供系统主要参数配置界面，方便管理员调整系统运行过程中涉及的参数，如网络连接端口等参数设置。

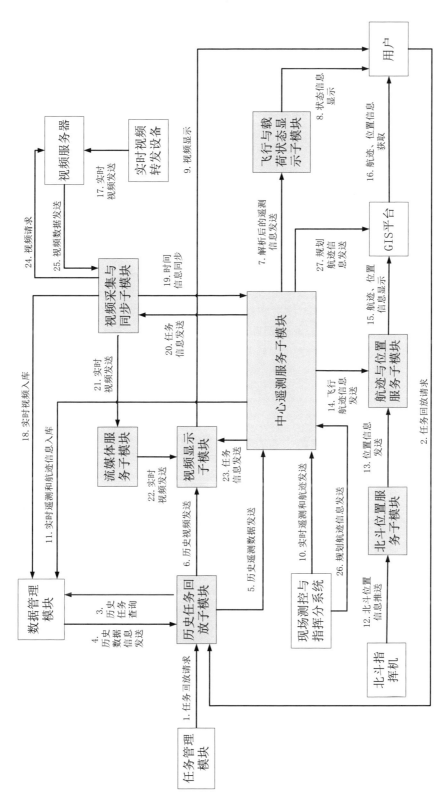

图 2-11　全局任务监控模块控制流

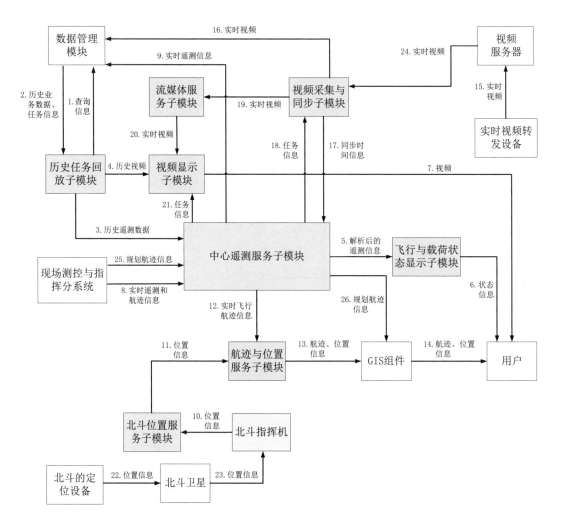

图 2-12　全局任务监控模块数据流

6. 日志管理子模块

日志记录监视系统运行过程中问题的信息，管理员可以通过它来检查错误发生原因，获取系统运行状态。

7. 公告管理子模块

提供给用户使用本系统进行公告管理的界面，方便管理员进行公告信息的增加、删除和修改、查询。

8.模块接口

系统管理模块控制流如图 2-13 所示。

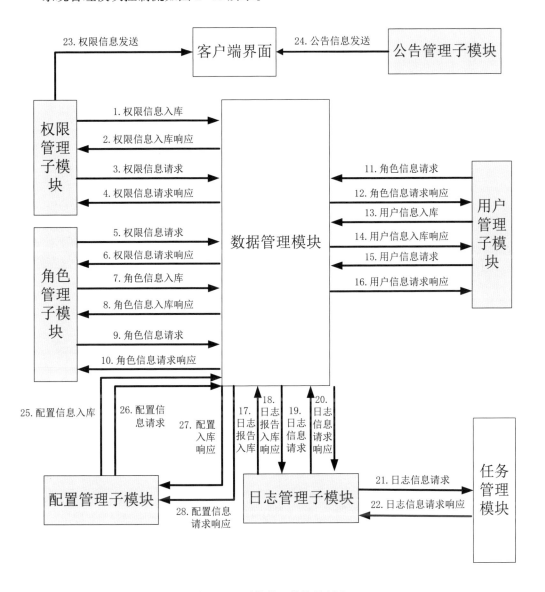

图 2-13　系统管理模块控制流

系统管理模块数据流如图 2-14 所示。

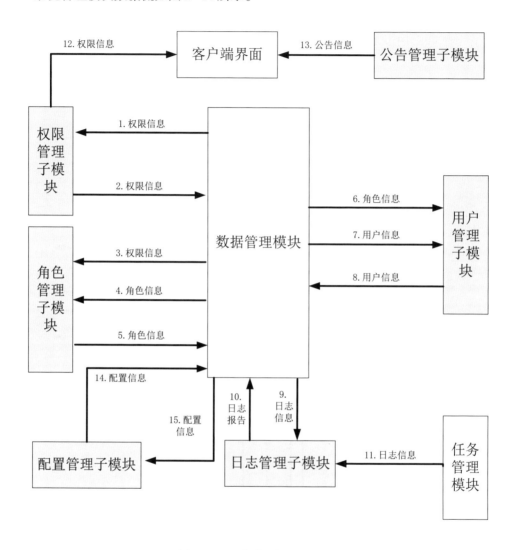

图 2-14   系统管理模块数据流

三、软件信息流

（一）控制流

业务监控与管理分系统控制流见图 2-15。

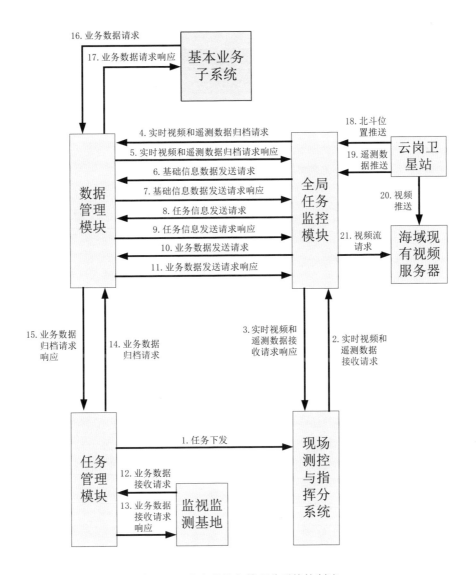

图 2-15 业务监控与管理分系统控制流

所有控制流的详细信息见表 2-3。

表 2-3 业务监控与管理分系统控制流说明

编号	控制流名称	发送方	接收方	描述
1	任务下发	任务管理模块	现场测控与指挥分系统	由任务管理模块向现场测控与指挥分系统下发任务执行相关信息
2	实时视频和遥测数据接收请求	现场测控与指挥分系统	全局任务监控模块	现场测控与指挥分系统发送实时视频和遥测数据，全局任务监控模块接收并显示

编号	控制流名称	发送方	接收方	描述
3	实时视频和遥测数据接收请求响应	全局任务监控模块	现场测控与指挥分系统	全局任务监控模块返回接收请求响应，开始接收实时数据
4	实时视频和遥测数据归档请求	全局任务监控模块	数据管理模块	全局任务监控模块负责向数据管理模块提出实时数据归档请求
5	实时视频和遥测数据归档请求响应	数据管理模块	全局任务监控模块	数据管理模块向全局任务监控模块返回实时数据归档请求响应
6	基础信息数据发送请求	全局任务监控模块	数据管理模块	全局任务监控模块向数据管理模块请求人员、设备、基地等基础信息数据
7	基础信息数据发送请求响应	数据管理模块	全局任务监控模块	数据管理模块响应全局任务监控模块对人员、设备、基地等基础信息数据的发送请求
8	任务信息发送请求	全局任务监控模块	数据管理模块	全局任务监控模块向数据管理模块请求任务信息用于展示
9	任务信息发送请求响应	数据管理模块	全局任务监控模块	数据管理模块响应全局任务监控模块对任务信息的发送请求
10	业务数据发送请求	全局任务监控模块	数据管理模块	全局任务监控模块向数据管理模块请求无人机业务数据用于历史任务回放
11	业务数据发送请求响应	数据管理模块	全局任务监控模块	数据管理模块响应全局任务监控模块对无人机业务数据的发送请求
12	业务数据接收请求	监视监测基地	任务管理模块	基地相关工作人员向任务管理模块发送业务数据，任务管理模块接收业务数据
13	业务数据接收请求响应	任务管理模块	监视监测基地	任务管理模块响应基地工作人员提交的业务数据接收请求
14	业务数据归档请求	任务管理模块	数据管理模块	任务管理模块向数据管理模块提交数据归档请求
15	业务数据归档请求响应	数据管理模块	任务管理模块	数据管理模块响应任务管理模块的数据归档请求
16	业务数据请求	国家海洋技术中心	数据管理模块	国家海洋技术中心向数据管理模块请求业务数据发送
17	业务数据请求响应	数据管理模块	国家海洋技术中心	数据管理模块响应国家海洋技术中心的业务数据请求
18	北斗位置数据推送	云岗卫星站	全局任务监控模块	云岗卫星站将北斗位置数据推送给全局任务监控模块
19	遥测数据推送	云岗卫星站	全局任务监控模块	云岗卫星站将遥测数据推送给全局任务监控模块

续表

编号	控制流名称	发送方	接收方	描述
20	视频推送	云岗卫星站	海域视频服务器	云岗卫星站将视频数据推送至海域视频服务器
21	视频推送请求	全局任务监控模块	海域视频服务器	全局任务监控模块向海域视频服务器发送视频推送请求

（二）数据流

业务监控与管理分系统内部各个模块及模块与外部系统间的数据交互按照图2-16进行。

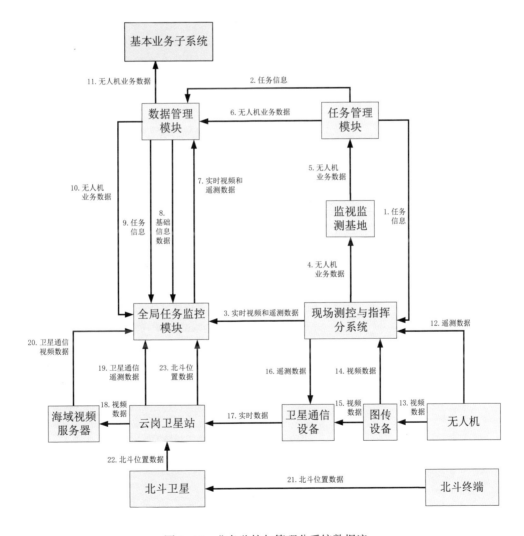

图2-16　业务监控与管理分系统数据流

业务监控与管理分系统所有数据流的详细信息见表 2-4。

表 2-4　业务监控与管理分系统数据流详细信息

编号	数据流名称	发送方	接收方	描述
1	任务信息	任务管理模块	现场测控与指挥分系统	任务管理模块向现场测控与指挥分系统下发任务相关信息，现场测控与指挥分系统根据任务信息开始执行任务
2	任务信息	任务管理模块	数据管理模块	任务管理模块产生的任务信息需要发送给数据管理模块归档保存，以备查询使用
3	实时视频和遥测数据	现场测控与指挥分系统	全局任务监控模块	现场测控与指挥分系统通过 VPDN 网卡实时向全局任务监控模块发送实时视频和遥测数据
4	无人机业务数据	现场测控与指挥分系统	监视监测基地	遥测数据、视频和图像数据等业务数据需要通过存储介质形式交付至监视监测基地
5	无人机业务数据	监视监测基地	任务管理模块	遥测数据、视频和图像数据等业务数据需要通过监视监测基地上传到任务管理模块的工作空间
6	无人机业务数据	任务管理模块	数据管理模块	数据管理模块从任务管理模块获取无人机业务数据
7	实时视频和遥测数据	全局任务监控模块	数据管理模块	全局任务监控模块将实时视频和遥测数据发送到数据管理模块入库备份
8	基础信息数据	数据管理模块	全局任务监控模块	全局任务监控模块向数据管理模块请求人员、设备、基地等基础信息数据用于显示
9	任务信息	数据管理模块	全局任务监控模块	数据管理模块向全局任务监控模块发送任务信息用于任务流程显示
10	无人机业务数据	数据管理模块	全局任务监控模块	数据管理模块向全局任务监控模块发送视频、遥测数据用于历史任务回放
11	无人机业务数据	数据管理模块	基本业务子系统	数据管理模块向基本业务子系统发送无人机业务数据
12	遥测数据	无人机	现场测控与指挥分系统	无人机向现场测控与指挥分系统发送实时遥测数据
13	视频数据	无人机	图传设备	无人机将视频数据发送给图传设备
14	视频数据	图传设备	现场测控与指挥分系统	图传设备将视频数据发送给现场测控与指挥分系统
15	视频数据	图传设备	卫星通信设备	图传设备将视频数据通过卫星通信设备发送

编号	数据流名称	发送方	接收方	描述
16	遥测数据	现场测控与指挥分系统	卫星通信设备	现场测控与指挥分系统通过卫星通信设备发送遥测数据
17	实时数据	卫星通信设备	云岗卫星站	实时数据（视频、遥测数据）由卫星通信设备通过云岗卫星站转发
18	视频数据	云岗卫星站	海域视频服务器	云岗卫星站将实时视频数据转发至海域视频服务器
19	卫星通信遥测数据	云岗卫星站	全局任务监控模块	云岗卫星站将通过卫星通信设备发送的遥测数据转发给全局任务监控模块
20	卫星通信视频数据	海域视频服务器	全局任务监控模块	海域视频服务器将通过卫星通信设备转发的视频数据发布到全局任务监控模块用于展示
21	北斗位置数据	北斗终端	北斗卫星	北斗终端通过北斗卫星转发北斗位置数据
22	北斗位置数据	北斗卫星	云岗卫星站	北斗卫星将北斗位置数据发送至云岗卫星站
23	北斗位置数据	云岗卫星站	全局任务监控模块	云岗卫星站将北斗位置数据发送至全局任务监控模块

第四节　现场测控与指挥分系统设计与实现

无人机地面站系统是整个无人机系统的地面指挥控制中心，现场测控与指挥分系统作为海域无人机地面站系统的重要组成部分，主要实现了对海域无人机现场作业任务的全程测控，并通过海洋通信专网和业务监控与管理分系统通信，实现对海域无人机作业任务的一体化监管。

现场测控与指挥分系统以通用性建设为前提，旨在建设可以兼容多机型、多类载荷的无人机地面控制软件。软件主要功能包括航迹规划、飞行状态监控、链路监控、载荷监控、航迹显示和数据管理等无人机指挥测控系统通用性功能，实现了对现场任务执行前、执行中、执行后三个阶段的全程监管。

任务执行前主要完成无人机起飞前的现场设备状态检查及飞行航迹规划等功能；任务执行过程中主要完成无人机、载荷、链路设备状态的实时监测与控制，同时通过海洋通信专网与海域动态监视监测管理系统进行数据通信，实现对现场任务状态的实时监控；任务后期主要完成任务相关数据的归档。

现场测控与指挥分系统采用层次化架构设计方法，提供标准化的数据接口，各功能以组件化的形式进行有机结合，根据不同业务需求可以对功能组件进行灵活的增删，高效快捷地衍生出各类产品，具有较高的通用性和可扩展性。

一、系统架构设计

现场测控与指挥分系统的设计与建设充分考虑对多型无人机、载荷和数据链的兼容性及可扩展性，各模块以插件化方式进行开发，便于扩展，对于不同的外部设备，系统提供统一的数据接口实现对外部数据的解译与转换，消除不同飞机平台间的差异性，系统总体软件架构如图 2-17 所示。

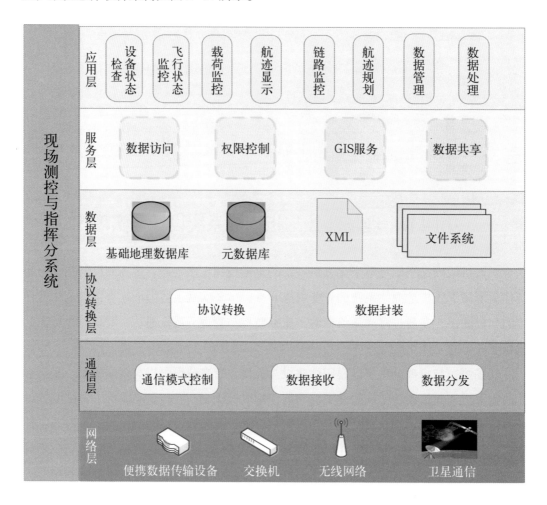

图 2-17　现场测控与指挥分系统总体软件架构

1. 网络层

网络层是各种设备之间实现通信的基础，主要实现飞机、测控地面站、卫星以及无线网络通信。地面站内部局域网利用交换机实现各终端之间通信。地面站实时接收无人机遥感数据，将数据转发到网络终端，同时网络终端通过卫星通信设备或 4G 将遥感数据发送到指挥中心。

2. 通信层

数据通信层是外部数据与系统的接入口，主要实现对数据通信方式、通信内容、通信带宽和通信时序的控制。系统支持网口、串口等多种数据接口，支持传输控制协议（TCP）、用户数据包协议（UDP）等数据传输方式。

3. 协议转换层

协议转换层负责对接收的无人机遥测数据进行解析，将其统一转换为软件内部标准协议格式，并分发到各软件进行展示和存储，消除不同飞机平台间的差异性。

4. 数据层

数据层提供软件相关数据的统一存储和管理服务，管理的数据主要包括基础地理数据、任务影像数据信息、日志数据及相关文件数据等。

5. 服务层

服务层为应用层提供数据访问接口，降低应用程序与底层数据之间的耦合性，使数据库管理员在修改、整合、转移甚至从服务层移除底层数据源时无须调整服务层的接口。

6. 应用层

应用层作为系统的顶级应用，基于底层数据服务和功能，结合行业应用需求，实现任务现场的实时监视与控制，并对实时接收的图像进行拼接处理及存储管理，实现对图像信息的应用和分发。

二、软件组成

现场测控与指挥分系统主要包括现场设备状态检查软件、通信与协议转换软件、飞行监控软件、载荷与链路监控软件、数据管理软件、视频实时拼接软件以及便携数据转发盒，系统各配置项见表 2-5。

表2-5　系统配置项

序号	配置项名称	配置项类型	部署方式
1	现场设备状态检查软件	单机软件	工控机
2	通信与协议转换软件	单机软件	工控机
3	飞行监控软件	单机软件	工控机
4	载荷与链路监控软件	单机软件	工控机
5	数据管理软件	单机软件	工控机
6	视频实时拼接软件	单机软件	工控机
7	便携数据转发盒	硬件设备	—

现场测控与指挥分系统整体功能结构如图2-18所示。

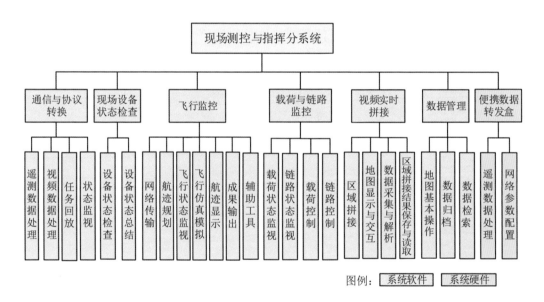

图2-18　系统整体功能结构

（一）现场设备状态检查软件

现场设备状态检查软件包括任务执行前无人机、载荷等任务相关设备工作状态检查和任务完成后设备状态总结两部分功能。用户可根据实际需求创建自定制的基于特定机型的设备状态检查模板，现场检查人员选择对应的设备模板完成设备状态检查；任务完成后，现场人员利用现场设备状态总结功能，统计无人机、载荷、电池等设备的使用时间、设备状态信息，将完成的设备状态总结单导入业务监控与管理分系统，及时更新设备状态信息。

1. 设备状态检查

无人机设备状态检查表单的定制用户可根据实际需求创建自定制的基于特定机型的设备状态检查表单模板，并随时可对表单模板的检查项进行增删查改等操作。软件能够支持和管理不同的设备状态检查表单模板，能够打开本地存储的历史表单，并能够依据表单内容自动匹配对应机型。

2. 设备状态总结

任务完成后，利用软件提供的现场设备状态总结功能，统计无人机、载荷、电池等设备使用时间、设备状态信息，将完成的设备状态总结单导入业务监控与管理分系统，及时更新设备状态信息。

（二）通信与协议转换软件

通信与协议转换软件是地面系统与飞机平台数据转换的接口，支持网口、串口等多种通信方式，为系统提供统一的数据服务。该软件负责接收飞机下行遥测数据，并将不同飞机的遥测数据转换为内部标准的数据格式分发到各子系统进行展示，消除了不同飞机平台的差异性，同时实时接收下传的视频数据，经过位对齐与提取帧操作之后，将视频帧数据转发。

1. 遥测数据处理

（1）遥测数据接收解译与下发。从网口或者串口接收无人机实时遥测数据，根据已加载的飞机遥测协议对数据进行解析。解析后的数据被重组为 JSON 串格式，之后通过 TCP 链接将 JSON 串发送至综合监控和视频拼接软件。

（2）遥测数据转发。将无人机原始遥测数据通过卫星通信链路或者 4G 链路回传指挥中心，在指挥中心通过通信与协议转换软件再次进行接收。

2. 视频数据处理

（1）视频数据采集和存储。对无人机图传设备回传的实时模拟视频进行采集，将采集到的数字视频数据进行压缩和存储，其中视频存储格式包括 AVI 和原始二进制数据两种格式。

（2）视频数据下发。将压缩后的数字视频数据重组为 TCP 数据包，并发送至视频拼接软件。

3. 状态监视

（1）数据流量监视。实时显示当前软件所处理的遥测数据和视频数据流量。

（2）客户端数量监视。实时显示当前从协议转换软件接收数据的客户端的数量。

（3）软件运行状态监视。实时输出软件运行信息，提示用户采用正确的操作流程。

4. 任务回放

软件将接收到的飞机实时遥测数据和视频数据进行同步存储，飞行任务结束后可进行本地回放。

实际应用过程中，无人机遥测与视频数据往往是以不同模式或不同信道独立传输，记录方式普遍采用独立记录模式，数据同步性低，直接影响任务记录回放的准确性。针对此项问题，在地面通信与协议转换软件中采用数据同步记录存储方式，软件在接收到任意一类数据时，启动数据同步存储功能，如另一种数据缺失时采用固定内容填充，保证两类数据存储时的一致性，在任务回放时，采用一键式操作同步触发记录回放。

（三）飞行监控软件

飞行监控软件负责无人机飞行任务的实时监视与控制，主要包括航迹规划、飞行状态监视、飞行控制和航迹显示等功能模块。各功能采用模块化开发方式，根据不同的应用场景可以选配不同的功能模块，操作灵活，配置简便。目前，该软件已实现对多种无人机状态监视功能，可随着业务发展方便快捷兼容新型无人机。

1. 航迹规划

航迹规划任务管理：提供任务创建功能，任务内容包括任务类别、任务名称、起止时间、设备选型等具体要求。任务创建支持一键自动领取、文件导入和手动输入三种方式（在与中心联网条件下可通过一键领取方式，输入用户名和密码进行校验，中心自动将任务信息推送至现场，在未联网条件下可通过文件导入或手动输入两种方式创建任务）。

提供任务检索功能，可对创建的历史任务进行查询、修改、删除操作。

航迹规划：根据无人机型号、载荷类型、任务要求进行人机交互分析，能够通过手动、自动两种方式得到符合任务要求的最优航迹路线。对于规划的一系列航迹点，提供整体或单一航迹点的手动修正功能。

软件设计以两种方式获取起飞点：一是现场人员根据现场采集情况进行手动输入；二是根据地图信息（地图可实时显示鼠标移动位置的坐标信息和历史起飞点信息）通过点选的方式确定。航迹规划选择起飞点后，增加爬升率计算算法，通过爬升率约束起飞点，在爬升率不满足要求的情况下进行提示，避免在到达第一个航点时达不到要求高度的情况。

提供禁飞区数据：航迹规划过程中需要考虑禁飞区的影响，对禁飞区数据进行管理，包括数据的导入，数据的三维可视化，为航迹规划提供依据，以便有效地规避禁飞区区域。

提供气象保障服务：航迹规划过程中需要考虑风向气象的影响，系统外接风向、风速传感器，系统将传感器获得的数据进行实时解析，为航迹规划提供参考。

2. 成果输出

输出航迹规划成果，如规划专题图、报告、航迹数据等，具体功能包括：对规划成果进行专题图制作，对规划的航迹点等信息以 XML 或 TXT 形式进行输出。

3. 网络传输

网络传输功能，设置目的地 IP 地址、端口号，采用 TCP 文件传输的方式与中心建立连接，即可将规划航迹文件经文件传输协议回传至业务监控与管理分系统进行展示等。

4. 飞行状态监视

无人机执行任务过程中，系统实时获取无人机下传的遥测信息，通过仪表盘、文本框等多种方式形象化地显示无人机当前的飞行状态及姿态信息，为无人机操控人员指挥控制提供依据。

5. 航迹显示

实时接收飞机遥测数据，解析经纬度、高度和飞行姿态信息，在三维 GIS 系统中实时绘制，通过区分线路颜色，可以在三维视图上对比显示无人机实际飞行航迹和规划航迹。

6. 飞行仿真模拟

在三维可视化环境中，以直观的飞机模型实时显示无人机当前飞行姿态，进行无人机的实时飞行仿真模拟。

7. 辅助工具

提供规划辅助工具，完成交互式的坐标体系设定、符号标注、鼠标位置信息显示和地理量算功能。三维 GIS 平台支持 tif、img、shp 等标准文件格式，系统应用初期，可将公共的基础地理数据，直接叠加到 GIS 中作为底图数据，后期可以应用无人机获取的航拍数据，制作具有较高精度的测区全拼图，及时更新底图数据。

（四）载荷与链路监控软件

载荷与链路监控软件负责无人机任务载荷设备和链路设备的实时监视与控制，主要包括载荷监控和链路监控两部分，实现无人机载荷状态监视、链路状态监视、载荷控制及链路控制等功能。各功能采用模块化开发方式，根据不同的应用场景可以选配不同的功能子模块，操作灵活，配置简便。

1. 载荷状态监视

主要完成遥测数据中载荷参数的量化监控和状态显示功能，包括载荷运行状态数据指示、飞机角度图形化显示和绘制关系图等，为载荷控制人员提供决策依据。

2. 链路状态监视

根据遥测数据值和传输校验值，诊断通信设备工作状态并进行记录，将解析后的数据按照指定的模式显示到界面上。

3. 载荷控制

负责机载载荷的状态控制，主要包括光电吊舱开关机控制、姿态调整、焦距调整、扇扫开 / 关、成像控制等。

软件支持外接操纵杆或控制盒，外部设备控制指令统一接入软件，软件完成格式转换后转发给数据链。

4. 链路控制

链路控制主要实现对数据链路进行频点切换、波特率设置功能。

（五）数据管理软件

数据管理软件底层数据存储基于磁盘方式。系统对产生的飞行影像数据进行存储和管理，主要数据类型包括：原始遥测数据、原始视频数据、解码遥测数据、解码视频数据、专题数据产品和日志数据等。可以按照任务名称、任务时间、位置信息等实现对存储数据的多元检索功能。

1. 数据归档

数据归档主要是对任务产生的原始影像数据、专题数据产品、航迹规划数据、实际航迹数据以及各种日志数据进行存储管理，实现数据归档、有序管理和长久保存。

车载数据存储计算机提供可插拔的移动存储介质，现场任务数据在归档后可直接存储于移动存储介质中，返回基地后，直接读取该介质中保存的任务数据，完成业务监控与管理分系统数据上传，避免造成数据多次拷贝的问题。

2. 数据检索

数据检索功能模块通过空间检索、元数据检索、地名检索和组合条件检索等多种检索方式，实现对航迹数据、影像数据等的检索，并将检索到的结果以 GIS 等直观的方式展现给用户，同时提供数据选择、下载、删除等操作工具。

3. 地图基本操作

地图基本操作组件提供对视图进行缩放及地图漫游，主要包括地图缩放、地图漫游、距离测量、面积测量、比例尺显示等基本功能，方便操作人员对地图进行基本操作。

（六）视频实时拼接软件

视频实时拼接软件满足在无人机视频数据实时处理方面的任务要求。其实质是视频的实时拼接，主要完成影像数据（可见光视频和红外视频）和遥测数据的实时接收，进行图像自动匹配和图像拼接及融合，生成附带地理坐标信息的大范围 GIS 底图，满足应急监测等业务需求。

1. 地图显示与交互

地图显示与交互主要是对利用视频拼接完成的图像数据在 GIS 底图上进行叠加显示和交互量测，功能包括图像缩放、图像拖动、对当前图层进行全局显示、图像裁剪、面积量测和视频显示。

2. 区域拼接

区域拼接功能是对从视频中抽取的帧进行连续拼接操作，多帧视频数据拼接形成一张较大图像，作为与 GIS 底图叠加显示的数据。

3. 区域拼接结果保存与读取

在视频拼接过程中，区域拼接功能会连续生成多张大图，区域拼接结果保存与读取功能是对这些生成的大图进行管理，包括将大图保存到本地和读取大图叠加到GIS底图等。

4.数据采集与解析

数据采集与解析是针对无人机飞行过程中同步进行飞行数据的接收和视频的解码、拼接操作，主要用来接收无人机实时回传的视频信息、接收并解析无人机的遥测信息等。

（七）便携数据转发盒

便携数据转发盒与便携地面站配套使用，主要用于遥测数据处理和网络参试配置，其组成主要包含硬件设备、驱动程序和客户端配置软件三部分。硬件设备实现实时数据处理功能；驱动程序使用户端能够识别便携数据转发盒，并与该设备进行通信；客户端配置软件用于配置便携数据转发盒的工作参数。

1.遥测数据处理

遥测数据处理即无人机实时遥测数据解析和格式转换。便携数据转发盒通过RS232接口接收无人机实时下传的遥测数据，依据遥测协议对数据进行解析，并将解析后的数据重组为系统内部标准格式的数据包。

2.网络参数配置

利用客户端配置软件，能够实现对便携数据转发盒采用的TCP\IP协议栈、传输波特率、通信信道配置及管理。由于便携数据转发盒主要采用4G无线网络通信方式，故内置软件也集成了4G网卡相关配置功能。

三、软件数据流

海域无人机监控与管理平台为提高海域无人机现场作业水平提供技术基础与平台，实现无人机、载荷和链路设备状态实时监视与控制、数据存储以及不同型号无人机的协议转换等功能。通过海洋通信专网与海域无人机业务监控与管理软件进行实时数据通信，实现了海域无人机监测任务从制定到下达和实施的一体化管理。基于标准接口和统一界面风格的海域无人机现场测控与指挥软件，可以便捷地将多型无人机、载荷、数据链等设备接入到系统中，实现多型无人机的通用测控、协同作业，最大限度地提升系统的可扩展性。现场测控与指挥分系统数据流及接口如图2-19和表2-6所示。

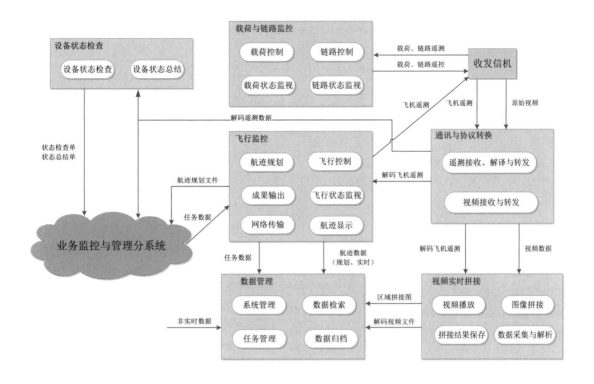

图 2-19　现场测控与指挥分系统数据流

表 2-6　系统数据接口

数据类型	发送方	接收方	传输方式	概述
任务数据	业务监控与管理分系统	飞行监控（航迹规划）	TCP	业务监控与管理分系统以 REST 服务或导出任务文件形式将信息传递给航迹规划部分，根据任务要求完成任务航迹规划
设备状态检查数据	设备状态检查	业务监控与管理分系统	URL	设备状态检查软件将检查结果以文件形式导出，访问业务监控与管理分系统完成上传
航迹规划数据	飞行监控	业务监控与管理分系统	TCP	规划航迹文件通过 TCP 文件传输服务回传至业务监控与管理分系统
	飞行监控	数据管理	FTP	航迹规划文件保存至数据库中
飞机遥控指令	飞行监控	收发信机	串口	实现对飞机飞行状态、飞行航线的控制

续表

数据类型	发送方	接收方	传输方式	概述
原始飞机遥测数据	收发信机	通信与协议转换	串口	协议转换子系统接收原始飞机遥测数据，经协议统一化转换后转发给局域网内各软件，并同时回传给业务监控与管理分系统，遥测数据主要包括飞机实时飞行状态、飞行航迹数据等
解码遥测数据	通信与协议转换	设备状态检查 飞行监控 业务监控与管理分系统 视频实时拼接	TCP	
载荷控制指令	载荷与链路监控	收发信机	串口	载荷遥控指令发送给收发信机，通过数据链上传至飞机平台
链路控制指令	载荷与链路监控	收发信机	串口	链路遥控指令发送给收发信机，进行数据链控制
原始视频数据	收发信机	通信与协议转换	串口	飞机实时拍摄的视频数据，由通信与协议转换子系统接收后，转发给视频拼接软件进行实时播放和处理，并保存视频文件到数据库中
	通信与协议转换	视频实时拼接	TCP	
解码视频数据	视频实时拼接	数据管理	FTP	
实际飞行航迹	飞行监控	数据管理	FTP	飞行监控实时记录飞机飞行航迹，将实际飞行航迹文件保存到数据库中
区域拼接图	视频实时拼接	数据管理	FTP	视频实时拼接软件生成的监测区域全拼图导入数据管理软件进行存储

第三章
网络化测控与数据实时传输技术

为满足海域管理中大范围监测、高实效规模化运行的切实需求，海域无人机监视监测系统必须具备实时回传的任务执行能力，对无人机测控系统提出新的要求。

目前主要有两种解决方案：一是通过基于虚拟专用拨号网（VPDN）的移动通信网络实现；二是通过搭建多个连续的专用测控基站（车载式或塔站式）接力方式实现。两种方案对比，前者优势主要是实现技术难度低、成本小，缺点是借用外部链路数据安全性不可控；后者优势是通过主动覆盖解决了近海移动信号盲区问题，缺点是对技术的要求相对较高。本章主要介绍这两种方案实现过程及涉及的关键技术。

第一节　VPDN 多卡集成无线接入技术

近年来移动通信技术发展迅速，从 3G 到 4G 再到如今的 5G，全国范围内已基本实现高速移动通信网络全覆盖。无人机在飞行作业中，可通过 VPDN 技术借用公网移动通信链路实现远距离测控。考虑到沿海地区移动通信普遍存在信号不稳定、网络传输速率低等问题，为满足海域无人机大数据量实时回传的任务需求，可采用多卡集成无线接入技术，即通过多卡绑定最大限度地提高带宽利用率，达到传输码率要求。本节主要介绍多链路聚合技术和无线视频传输速率控制技术。

一、多链路聚合技术

多链路聚合技术是在无线 VPDN 视频双向传输设备中进行应用。按照分拆标准对经 N 路传输的无人机遥测、载荷视频数据进行整合，将其还原成原始的高清视频与遥测信息的复接数据，并经由地面数据处理单元将复接数据分解为高清视频、飞机遥测及载荷遥测（图 3-1）。

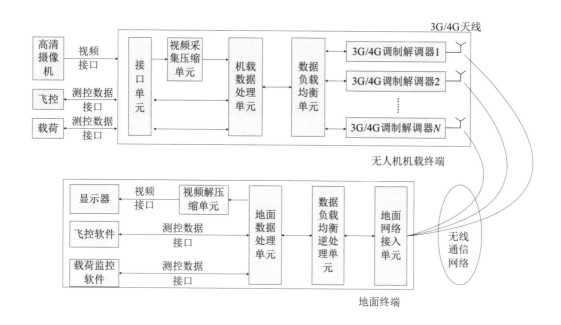

图 3-1 多链路聚合技术应用流程

（一）多链路均衡整体架构

在无线数据传输时，客户端由于自身经常移动，且随着环境变化信号会随之时刻变化，所以整个传输的瓶颈在于客户端的低带宽。与此同时，处于有线宽带上的服务器则相对要稳定得多，其高带宽可同时接纳多个客户端并行传送数据。多链路均衡整体架构模型的核心在于使一个客户端的多块网卡可以突破数据传输时本地路由选路的限制，而同时利用所拥有的多块网卡的空闲传输能力传输数据，从而达到链路聚合的效果。当应用程序发送数据时，待发送数据经修改过的网络协议处理程序的加工，从设备终端拥有的多块网卡中选取一块或者若干块作为载体发送出去。在经无线网络传输之后，服务器端的以太网卡接收设备终端发来的数据，并经过普通的网络协议栈处理，最后递交上层的服务器端应用程序。整个过程客户端尽可能地利用自己的多块网卡的空闲数据传输能力，而服务器则只需采用通用网络协议处理程序，与客户端相独立，不必使用多链路模型编写。整体构架如图 3-2所示。

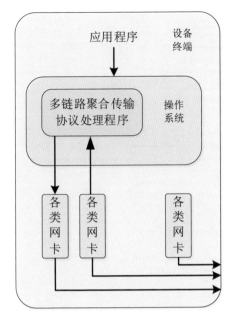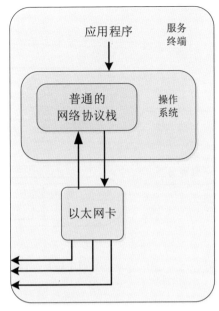

图 3-2 多链路聚合传输架构

（二）多链路聚合发送过程

在多链路均衡整体架构中，整个数据的发送过程完全由多链路聚合传输协议处理程序来控制实现。为了与操作系统内核以及用户程序保持相互独立，以方便移植、调试和改进，可将多链路聚合数据处理模块看作是一个独立的代理系统。上层应用程序调用此代理系统的接口函数，通过与代理系统之间的数据通信来完成所有数据的收发。其典型的数据发送过程如图3-3所示。当应用程序要使用多链路聚合方式发送数据时，可以调用代理系统提供的接口。接收到待发数据时，代理系统先从当前可用网卡列表里通过一定算法（如轮流发送、热备份、自适应负载均衡等方式）选出本次传送数据所要使用的网卡，得到该网卡相关信息，接着对数据使用相关信息进行加工，加工完毕后把该数据包发送到对应的网卡，再由该网卡对应的驱动程序将处于待发送队列中的数据包发送。与此同时，代理系统中还存在一个监控模块，用于监控当前设备中的所有网卡。由于无线网卡随着位置变化而信号不断变化，尤其在高速运动时随时有可能掉线。监控模块会自动把网卡拨号上线，在检测到断线之后自动进行重连，同时进行每个网卡的流量统计和性能分析，按照一定指标对其评分，为发送模块的网卡提供相关的数据，从而在每次发送数据时可选出当前可用且性能最好的网卡。

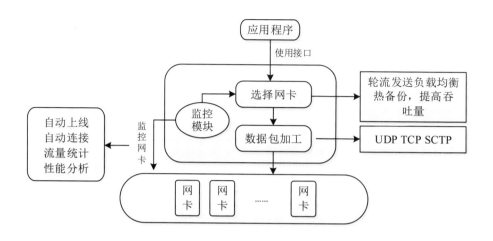

图 3-3 多链路聚合数据发送过程

（三）多链路聚合接收过程

在接收到客户端多链路聚合传输过来的数据后，服务器端无须明确每个数据包是从哪个客户端的哪个网卡发送过来的，只需像正常接收到的数据一样处理。在处理完接收数据后，根据客户端数据包本身的连接信息可以获得该数据包对应的客户端网卡的网络地址和端口等信息，从而服务器可以给该地址回馈相应的信息。因此，经同一客户端上多块网卡发送的多个数据包，在经服务器进行处理后，对应的回馈信息被相应地同时发送到该客户端的不同网卡上，然后被多链路聚合传输代理系统截获。接收的数据处理过程如图 3-4 所示。

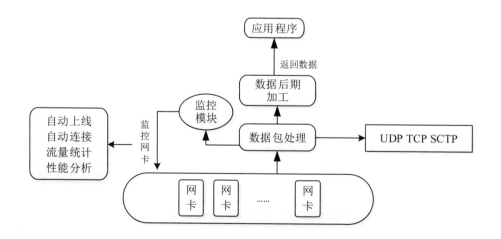

图 3-4 多链路聚合数据接收过程

代理系统在接收到不同网卡的数据后，首先根据对应的数据包类型进行初期处理，进行必要的组合和合并，并同时向监控模块反馈这次数据传输的信息，监控模块根据相关信息对网卡的统计数据进行更新和分析。初期处理完成后，剥离了网络层和传输层信息的应用层数据被送往代理系统的后期加工部分，最后作为结果返回给应用程序。这样用户可以控制报文数据的整个发送过程，利用各个可发送网卡的空闲带宽，由发送端自行决定报文的发送网卡，从而达到多链路聚合的目的。相较于单一路由链路的数据传输，多路由链路聚合在通信机制上肯定有其特殊性，主要表现在连接时延、数据缓冲、重发机制、同步和异步、超时处理、聚合重组等方面。下面简要阐述多路由链路聚合通信机制的机制问题。

1. 连接时延

在各类通信网络中，捆绑信道在建立连接时必然存在时延问题，而在多路由链路聚合技术中，整体通信连接的时延等于各链路建立连接的时延最大值，若 A、B、C 三条链路的时延分别是 T_a、T_b、T_c，则多路由链路聚合的时延就是 max（T_a、T_b、T_c）。当然，必须对每条链路设定一个连接超时阈值，当时延大于阈值时将该链路聚合链路组或者重新建立连接。

2. 数据缓冲

宽带数据网络的 IP 包传送速率十分高，当数据传送来到多路由链路聚合应用层时，必须设置一个高效的数据缓冲区以存放等待传送的网络数据包，使得数据网络在传送数据时更为有效。同样，当链路通信中断时也需要缓冲区对需重发的数据进行存储。缓冲区的设置需综合考虑多路由链路的特性，可以实现动态的分配空间。举例说明：如果 A、B、C 三条链路需要的缓冲区大小分别为 Bf_a、Bf_b、Bf_c，则多路由链路聚合技术所需动态设置的缓冲区大小就是 sum（Bf_a、Bf_b、Bf_c）。

3. 重发机制

当一条链路中某条链路断开的时候，在该链路上传送的 IP 包必须通过重发以保证数据传送的完整性和正确性。多路由链路聚合技术的重发机制可分为路由链路层重发和应用层重发两个层次。当某条链路的通信中断时，仅需要在该链路上实现重发机制。如果所有链路都中断了通信，则需要在更高一层（即应用层）进行数据重发。

4. 同步和异步

如果数据在通信过程中出现某链路通信中断，则收发的同步和异步也是需要解决的问题。多路由链路聚合技术在链路通信状态稳定、带宽有保证的情况下，采用同步传输方式；在链路通信状况不稳定、带宽不足的情况下，采用异步传输方式。

5. 超时处理

当数据重发连续不成功时，需考虑超时处理问题。超时时间称为超时阈值，必须根据各条通信链路的通信特性设定超时阈值，当超时重连的时间超过阈值时就须另建一条链路来替代。同样，该阈值的设定可参考各链路的超时处理机制进行设置。

6. 聚合重组

所谓聚合重组，即指在多路由链路中的某条或者全部链路中断，并且在重连时累计连续失败时间超过超时阈值时，重新建立其中某条链路以替代中断链路并重新建立数据聚合的过程。该过程可以有效地保证数据传送的对等性，使得数据传送的不间断性得到一定的保障。

二、无线视频传输速率控制技术

基于多链路聚合技术设计的无线实时视频传输系统，可以解决无线实时视频传输的带宽瓶颈问题，为了保证视频传输有更好的稳定性，使得各个链路间能够达到负载均衡，还需在多链路聚合的基础上实现速率控制。通过将多链路聚合技术与速率控制算法结合，对各个链路进行拥塞控制和全局调度，从而获得更高的有效传输速率和更好的稳定性。

与集群服务器之间使用负载均衡相比，在多链路中使用负载均衡技术有着很多不同之处。服务器集群的负载均衡器往往对外提供一个虚拟 IP 地址，用户通过访问这个 IP 地址请求服务，用户的这些请求被均匀地分配到服务器集群中，从而达到负载均衡的效果，但多链路负载均衡器通过多个链路连接到互联网，有多个出口，内网用户访问外网的流量和外网用户访问内网服务的流量都需要进行链路选择，从而实现多条链路中的负载均衡。多链路负载均衡主要涉及的是如何将数据流量分配到多条链路中去。一种常见的关于负载均衡的误区是，认为负载均衡就意味着网络流量的等量分配，这种认识是错误的。即便网络数据流量是在统一管理的网络上传输，实现用户数据流量的等额分配也不是很容易实现的。多链路负载均衡技术指的是试图找出一种数据流量分配方案，来尽可能多地利用好多链路，从而提高整个网络的传输速率和网络吞吐量。

如果每经过一个数据包就调用负载均衡算法，那么转发数据包的延时一定会大大增加。因此，除非链路出现故障，一般一组数据包（有相同源口地址、源端口、目的口地址、目的端口的数据包）最好经过同一条链路。多链路均衡器在收到一组数据的第一个数据包时调用负载均衡算法，把数据包转发到最佳链路中。一般多链路负载均衡模型如图3-5所示，负载均衡网关将内网用户的流量通过负载均衡算法均匀地分摊到各条链路当中去。

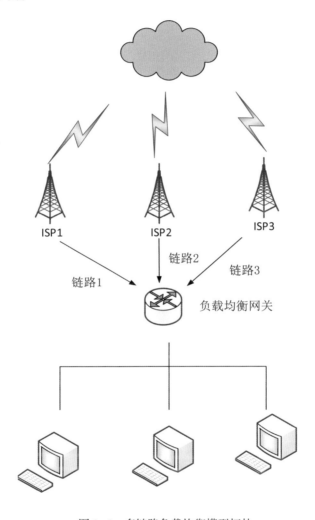

图 3-5　多链路负载均衡模型拓扑

　　此外，还需通过 Source NAT 技术来实现负载均衡的功能。例如，在图3-5中，负载均衡网关对外有三个外网地址，在内网中，各服务器和各种终端都拥有内网IP。Source NAT(SNAT) 主要针对内网访问外网的情况，可以实现流出数据流量的分担。当负载均衡器接收到内网用户发出的数据包后，可以动态地选择一条链路，SNAT 将请求数据包的源地址改为这条链路的外网地址，并转发到这条链路。

在应用层实现负载均衡，一般通过检查 HTTP 包的头部的方式实现，根据头部信息里的一些字段信息进行负载均衡；这种方式适合对 HTTP 服务器群的应用，但是这会增加七层协议解析的时间。多链路的负载分配策略主要包括静态分配策略和动态分配策略两种。

1. 静态分配策略

静态负载均衡方式是指按照预先设定的指标分配流量，而不考虑动态实时的情况。主要有以下几种方式。

（1）轮询（Round Robin）策略。轮询是一种典型的静态负载均衡策略，它按照指定的顺序将流量进行分配。对于入站流量，轮询方式将连接请求发送到下一个可用服务器，对于出站的年数据流量，也按相同的顺序将流量发送到各条链路。

（2）比例策略。预先设定好各个服务器处理流量数据的比例，将入站的数据流量按照设定的比例值分配到各个服务器中进行处理；对于出站流量，也是按照已配置的比例将出站数据流量分配到各条出站链路中。

（3）链路成本负载均衡策略。这种策略根据各条链路的带宽价格，负载均衡器将数据流量路由到成本最低的链路上，从而使各链路的带宽成本最小化。

（4）策略流量控制（Policy Based Traffic Control）。按照源地址和目的地址以及应用功能，使用户能够根据业务策略将部分相应的数据流量分配到预设好的最佳链路中，例如，将优先级高的流量分担到性能优良的链路中，低优先级的流量则分配到其他链路上。

2. 动态分配策略

动态分配策略需要根据设备节点或链路的实时负载情况指定流量分担策略，如需要考虑当前链路的时延和剩余带宽等因素。

服务质量。服务质量负载均衡策略是一种动态的入站流量负载方式，它主要依据数据包传送比率、跳线次数、往返时间、虚拟服务器容量、完成率、每秒千字节和拓扑结构信息等信息的组合来描述服务质量，再把流量根据服务质量分担到各台服务器中。出站流量的动态比率策略和静态策略中的比例策略相似，只不过对于多链路负载均衡问题，可以从网络的不同层次出发，对于不同的层次采用不同的相关技术。

第二节　动态组网测控技术

一、测控机载设备组网

　　无人机测控通信时需对测控机载设备进行唯一地址标识并动态入网鉴权，通过多个地面测控站连续接力实现对无人机大范围远距离测控时，需首先解决动态组网测控技术的难题。考虑到遥控数据速率低具备扩频条件，可采用码分多址（CDMA）技术。码分多址旨在把所有的频带资源和时间资源都分配给地面终端，每个终端采用一个噪声式的宽带信号并可以任意长时间地占有整个给定的频带。其时间资源和频带资源没有受到限制，其通信容量比频分多址和时分多址的容量要大得多，其CDMA接收机制如图3-6所示。而图像和遥测数据采用广播分发方式，各测控站均能平等接收。机载设备同时接收所有同频遥控信号，通过不同伪码序列受控于地面测控站。测控站切换过程中采用具有滞后余量的相对信号强度准则，即仅允许在新测控基站的信号强度比原测控基站信号强度强一定余量（即大于滞后余量）的情况下进行切换。该技术可以防止由于信号波动引起的无人机在两个测控站之间来回重复切换，即"乒乓效应"。而对于图像数据，由地面中心进行多路视频并行缓存，切换播放过程中根据当前帧号选择所要切换链路对应的下一帧视频数据，避免不同延时产生的图像抖动和中断，保证链路切换中视频的流畅性（图3-7）。

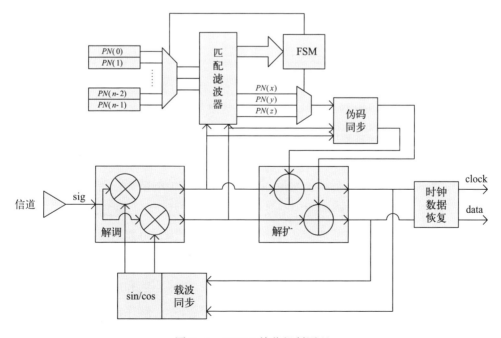

图 3-6　CDMA 接收机制原理

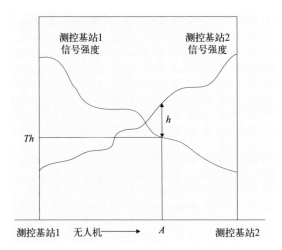

图 3-7　无人机测控切换的原则

组网测控基带信号处理流程如图 3-8 所示。

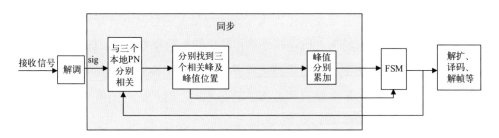

图 3-8　组网测控基带信号处理流程

以三个地面站为例，无人机同时对三个地面站信号进行解调同步操作，三个地面站信号强度越大，相关值越大，因此本项目的基本方案就是：比较三个地面站的相关值，并向相关值大的地面站切换。其基本步骤如下。

连接建立阶段：无人机开机后顺序搜索三个地面站，直至与某一地面站建立连接。

跟踪切换阶段：无人机与某一地面站建立连接后，搜索当前地面站、前一个地面站和后一个地面站，分别进行相关同步，比较三个相关值的结果，若当前地面站相关值最大，不进行切换，反之则向前一个或向后一个地面站切换；重复以上过程。

失联重建阶段：由于当前地面站故障或者遮挡等原因，可能造成同步失败，链路中断。一旦无人机与当前地面站链路中断，则比较前一个和后一个地面站的相关值，向信号强度大的一个切换，然后进入跟踪切换阶段；如果当前和前、后共三个地面站同时同步失败，则进入连接建立阶段，从当前地面站开始，顺序搜索三个地面站。能量检测结果如图 3-9 所示。

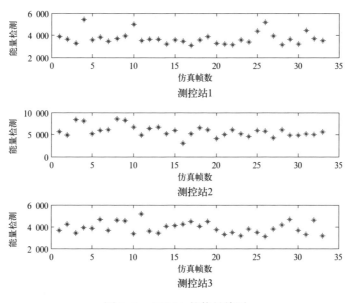

图 3-9　CDMA 的能量检测

目前，地面组网测控软件的相关技术均已得到突破和实现，控制程序状态流程如图 3-10 所示。

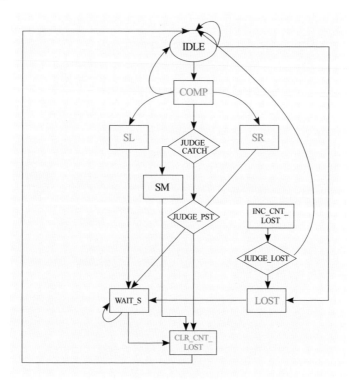

图 3-10　地面组网测控技术状态流程

二、任务机中频基带 FPGA 实现

接收信号经过 A/D 变换，将模拟信号变成数字信号，与本地数据振荡器（NCO）产生的 30 MHz 本振信号混频后，用半带滤波器滤除倍频分量，得到基带信号。基带信号送入解扩单元用匹配滤波方式进行伪码的捕获。匹配滤波的伪码同步方式具有捕获时间短的显著优势。伪码捕获住后转入伪码跟踪，同时载波跟踪环路开始工作，I、Q 两路的信号进入鉴相器，通过环路滤波器后控制载波 NCO 进行载波跟踪。对基带信号进行位同步后，得到已编码的基带数据。对已编码的基带数据进行（4，3，7）维特比译码。根据遥控基带数据的特定帧格式实现基带数据的帧同步，并将基带数据送往机载接口单元，进行解复接，以分别得到任务机遥控、吊舱遥控和数据链遥控信息（图 3-11）。

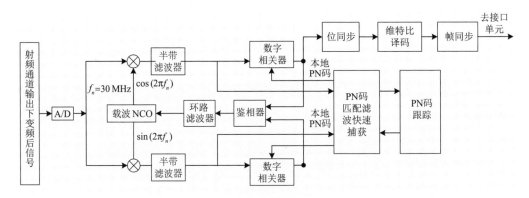

图 3-11　任务机遥控接收原理

任务机 FPGA 下行信号发射模块框图如图 3-12 所示。

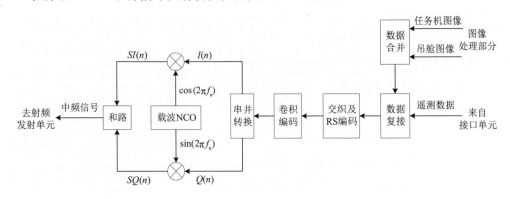

图 3-12　任务机下行信号发射框

任务机 FPGA 芯片接收从图像处理部分（DSP 芯片）传来的两路压缩后的图像数

据（采用主动方式）合并成一路图像信号，再与接口单元送来的遥测数据按协议规定的帧格式复接成一路下行信号。

对下行信号首先进行交织和（255，223）RS 编码后，再用卷积码进行信道编码。卷积编码采用（4，3，7）编码，这能够使得链路余量增加约 3.5 dB。此外，采用卷积编码将会引起遥测数据回传到地面站的时间延迟。若采用 IP 核实现（4，3，7）译码，其可实现的编码增益较高，其译码延迟约为 370 个数据周期。对编码后的下行数据进行串并转换后，进行正交相移键控（QPSK）调制形成 140 MHz 中频信号，并送给射频发射单元。

除发射与接收处理模块外，FPGA 还必须将任务机数据链基带处理各部分的具体工作状态，按照规定的帧格式向本机的接口单元上报，以便于接口单元实现对各级设备工作状态的监控和对工作频率等数据链工作参数的调整。同时，FPGA 接收并响应接口单元发来的数据链控制指令，实现或预留对调制开关等数据链工作状态的调整能力。

对于上行遥控发射来说，地面终端收发信机基带处理单元 FPGA 芯片接收从地面车载接口单元送来的复接后的遥控数据（包括任务机遥控、吊舱遥控），对遥控同步数据进行（4，3，7）卷积编码后，对编码后数据采用伪码序列进行直接序列扩频，扩频序列为 GOLD 伪随机序列，一个伪码周期为 1 023 个码片。将扩频后的码流进行本地载波二进制相移键控（BPSK）调制，形成中频信号，送入地面发射通道。遥控信号中频处理实现框如图 3-13 所示。

图 3-13　地面终端遥控信号发射处理框

对于下行数据接收，数字化采样后得到的下行信号，首先采用四相松尾环进行本地载波的同步，恢复本地载波后与得到下行信号进行混频，滤除高频分量，得到已编码的下行基带信号。已编码的下行基带信号经过位同步（4，3，7）维特比译码和 RS 译码解交织后，恢复出复接后的一路下行基带数据。针对下行数据的特定帧结构进行帧同步后，对下行基带数据进行解复接。得到两路图像数据和合并后的遥测数据，将两路图像数据分别送给地面解压缩部分的两块 DSP 芯片进行解压；将合并后的遥测数据送给地面接口单元解析出任务机遥测数据、吊舱状态和数据链遥测数据。下行数据接收框图如 3-14 所示。

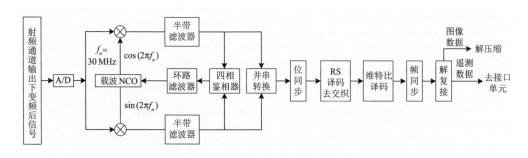

图 3-14　地面终端下行信号接收处理框

除发射与接收处理模块外，FPGA 还必须将地面终端数据链基带处理各部分的具体工作状态，按照规定的帧格式向本机的接口单元上报，以便于接口单元实现对各级设备工作状态的监控和对工作频率等数据链工作参数的调整。同时，FPGA 接收并响应接口单元发来的数据链控制指令，实现或预留对调制开关等数据链工作状态的调整能力。以三个地面站为例，三个地面站终端设计三个不同的伪码序列 PN，机载设备根据伪码序列判断受哪一个地面站控制，根据能量大小进行切换，进而实现地面无缝切换。

第三节　智能天线接入技术

近年来，随着移动通信的发展以及对移动通信中电波传播、组网技术、天线理论等方面研究的逐渐深入，智能天线开始应用于具有复杂电波传播环境的移动通信领域。这主要是由于移动通信的信道是多径、多址信道，它存在信号衰落、时延扩展、多普勒频移以及共信道干扰等严重问题。在移动通信领域引入智能天线为解决无线信道存在的诸多问题提供了新的思路。通过使用空分多址即自适应波束形成技术，能显著提高通信系统的输出信号与干扰加噪声比（SINR），并减少时延扩展及多径衰落，大大降低系统误码率。

智能天线的整体性能与天线阵列所接收到的信号强度密切相关，因此合理设计天线阵列是智能天线系统设计最基本的前提。栅瓣问题是首先要考虑的问题，如果栅瓣很大的话会引起信号模糊和干扰。为了避免引起阵列模糊，一般规定阵列单元的间距为 $\lambda/2$。智能天线由两个或多个协调工作的天线阵元组成，用以对附近的电磁环境建立一个独特的辐射方向图。天线阵元可以通过其相位的调整来协调工作，相位调整可采用硬件或数字化实现。

　　智能天线接收系统由天线本身、射频前端、波束控制板和一台计算机构成，其结构如图 3-15 所示。

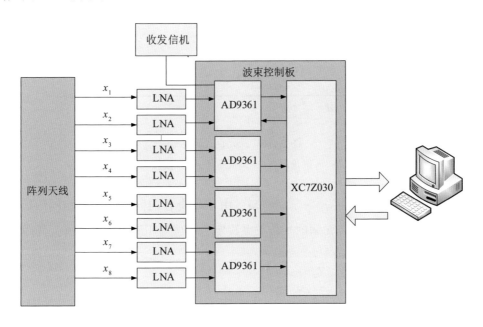

图 3-15　智能天线的基本组成

　　阵列天线接收机载终端下行传送的遥控、遥测数据信息，经多路接收机后得到多路 I/Q 基带信号，利用基带信号做空间谱估计实现信号来波方位即波达方位角的超分辨测量，从估算的方位角参数中判断得出无人机下行信号方位向，利用信号方位向及阵列天线阵列结构得到阵列信号的相位补偿权值，再利用权值对阵列进行横向空域滤波处理，抑制多径和共道干扰，滤波后的数据进行 BPSK 解调星座逆映射后传递给下级基带处理单元，由基带处理单元传送来的遥控指令数据流在波束控制板上进行星座映射 BPSK 调制，对符号数据进行波束赋形处理形成多路信号，多路上行信号经 DA 后送往微波前端，然后激励每个天线，阵列天线发射波束指向无人机。

一、空间谱估计技术

　　直线阵是最简单的阵列形状。直线阵中所有阵元都排成一条直线，且阵元间距相同。假设所有的阵元等间距、等振幅。图 3-16 为由各向同性辐射天线阵元构成的八元直线阵，上行链路确定波达方位角（Direction of Arrival，DOA），下行链路采用自适应波束。

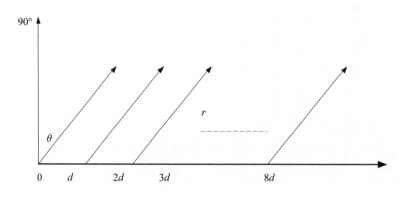

图 3-16 八元直线阵

θ：入射角度；d：阵元间距；r：极径

若是远场条件，即满足 $r \gg d$，$d = 0.5\lambda$，由于每个各向同性阵元有相同的幅度，所以整个天线阵的特性由阵元间的相位关系决定，相位与用波长表示的阵元间距成正比。首先定义天线阵向量 $\boldsymbol{a}(\theta)$ 为

$$\boldsymbol{a}(\theta) = \left[\exp\left(-j\,\frac{2\,pi\,d\sin\theta}{\lambda} \right) \cdots \exp\left(-j\,\frac{2\,pi\,7d\sin\theta}{\lambda} \right) \right] \tag{3-1}$$

式中：θ 为入射角度；λ 为波长；pi 为 π。

波束宽度是从辐射方向图的 3 dB 点测量的，如图 3-17 所示，波束宽度是 3 dB 点之间的夹角，因为这是功率方向图，所以 3 dB 点也是半功率点。不是功率方向图的情况下，当归一化方向图的振幅为 $1/\sqrt{2} \approx 0.707$ 时，3 dB 点就是半功率点。天线方向图是一个描述天线方向性能的函数或图像，描述电场或磁场的方向图称为场方向图，描述辐射强度的方向图称为功率方向图。对于直线均匀线阵，一般采用场方向图描述天线的方向性。

信号波束宽度是指在水平或垂直方向上，在最大辐射方向两侧辐射功率下降 3 dB 的两个方向的夹角，如图 3-17 所示。

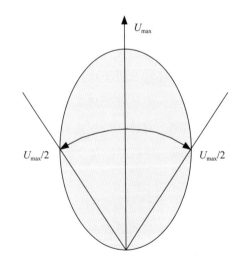

图 3-17 半功率波束宽度（$U_{\max}$：最大辐射强度）

阵列接收数据的协方差矩阵如公式 (3-2) 所示，协方差矩阵 $\boldsymbol{R}$ 为正定的埃尔米特矩阵

$$\boldsymbol{R} = E\left[\boldsymbol{X}\boldsymbol{X}^{\mathrm{H}}\right] = \boldsymbol{A}\boldsymbol{R}_{\mathrm{S}}\boldsymbol{A}^{\mathrm{H}} + \sigma^2\boldsymbol{I} \tag{3-2}$$

式中：$\boldsymbol{R}_{\mathrm{S}}$ 为接收信号的协方差矩阵；σ^2 为噪声功率。对其进行特征值分解 $\boldsymbol{R} = \boldsymbol{E}\boldsymbol{\Lambda}\boldsymbol{E}^{\mathrm{H}}$；$\boldsymbol{E}$ 为协方差矩阵的特征矢量矩阵 $\boldsymbol{E} = \left[e_1, e_2, \cdots, e_8\right]$；$\boldsymbol{\Lambda}$ 为协方差矩阵的特征值组成的对角阵，$\boldsymbol{\Lambda} = \mathrm{diag}\left(\lambda_1, \lambda_2, \cdots, \lambda_8\right)$，其特征值满足 $\lambda_1 \geqslant \lambda_2 \geqslant \cdots \geqslant \lambda_k = \cdots = \lambda_8 = \sigma^2$，由特征值的大小关系可将特征值分成两部分，有 K 个较大的特征值，其对应的特征矢量称为信号子空间的基矢量 $\boldsymbol{E}_{\mathrm{S}}$，有 $M-K$ 个较小的特征值，其对应的特征矢量称为噪声子空间的基矢量 $\boldsymbol{E}_{\mathrm{N}}$，则 $\boldsymbol{R}$ 可表示为

$$\boldsymbol{R} = \left[\boldsymbol{E}_{\mathrm{S}}\,\boldsymbol{E}_{\mathrm{N}}\right]\begin{bmatrix} \boldsymbol{\Lambda}_{\mathrm{S}} & 0 \\ 0 & \boldsymbol{\Lambda}_{\mathrm{N}} \end{bmatrix}\begin{bmatrix} \boldsymbol{E}_{\mathrm{S}}^{\mathrm{H}} \\ \boldsymbol{E}_{\mathrm{N}}^{\mathrm{H}} \end{bmatrix} \tag{3-3}$$

式中：$\boldsymbol{\Lambda}_{\mathrm{S}}$ 为 K 个较大的特征值组成的对角阵；$\boldsymbol{\Lambda}_{\mathrm{N}}$ 为 $M-K$ 个较小的特征值组成的对角阵。在公式 (3-3) 左右两边同时右乘矩阵 $\boldsymbol{E}_{\mathrm{N}}$ 可得

$$\begin{aligned}
\boldsymbol{R}\boldsymbol{E}_{\mathrm{N}} &= \left[\boldsymbol{E}_{\mathrm{S}}\,\boldsymbol{E}_{\mathrm{N}}\right]\begin{bmatrix} \boldsymbol{\Lambda}_{\mathrm{S}} & 0 \\ 0 & \boldsymbol{\Lambda}_{\mathrm{N}} \end{bmatrix}\begin{bmatrix} \boldsymbol{E}_{\mathrm{S}}^{\mathrm{H}} \\ \boldsymbol{E}_{\mathrm{N}}^{\mathrm{H}} \end{bmatrix}\boldsymbol{E}_{\mathrm{N}} \\
&= \left[\boldsymbol{E}_{\mathrm{S}}\,\boldsymbol{E}_{\mathrm{N}}\right]\begin{bmatrix} \boldsymbol{\Lambda}_{\mathrm{S}} & 0 \\ 0 & \boldsymbol{\Lambda}_{\mathrm{N}} \end{bmatrix}\begin{bmatrix} 0 \\ \boldsymbol{I} \end{bmatrix} \\
&= \boldsymbol{E}_{\mathrm{N}}\boldsymbol{\Lambda}_{\mathrm{N}} = \sigma^2\boldsymbol{E}_{\mathrm{N}}
\end{aligned} \tag{3-4}$$

对公式 (3-2) 做同样处理可得

$$\boldsymbol{R}\boldsymbol{E}_{\mathrm{N}} = \boldsymbol{A}\boldsymbol{R}_{\mathrm{S}}\boldsymbol{A}^{\mathrm{H}}\boldsymbol{E}_{\mathrm{N}} + \sigma^2\boldsymbol{E}_{\mathrm{N}} \tag{3-5}$$

由公式 (3-4) 和公式 (3-5) 可得

$$\begin{aligned}
\boldsymbol{A}\boldsymbol{R}_{\mathrm{S}}\boldsymbol{A}^{\mathrm{H}}\boldsymbol{E}_{\mathrm{N}} &= 0 \\
\left(\boldsymbol{A}^{\mathrm{H}}\boldsymbol{E}_{\mathrm{N}}\right)^{\mathrm{H}}\boldsymbol{R}_{\mathrm{S}}\boldsymbol{A}^{\mathrm{H}}\boldsymbol{E}_{\mathrm{N}} &= 0
\end{aligned} \tag{3-6}$$

而矩阵 $\boldsymbol{R}_{\mathrm{S}}$ 为正定阵，公式 (3-6) 成立的充要条件为

$$\boldsymbol{A}^{\mathrm{H}}\boldsymbol{E}_{\mathrm{N}} = 0 \tag{3-7}$$

显然任意入射信号的导向矢量 $\boldsymbol{a}(\theta)$ 都是与噪声子空间正交的，定义如公式 (3-8) 所示的功率谱函数

$$P(\theta) = \frac{1}{\boldsymbol{a}^{\mathrm{H}}(\theta)\,\boldsymbol{E}_{\mathrm{N}}\boldsymbol{E}_{\mathrm{N}}^{\mathrm{H}}\boldsymbol{a}(\theta)} \tag{3-8}$$

则入射信号的 DOA 估计可以通过搜索 $P(\theta)$ 的谱峰获得。$P(\theta)$ 描述了入射信号波达方向的分布。假设八阵元均匀直线阵，信号入射角度为 0°，则如图 3-18 和图 3-19 所示，通过 MUSIC 算法，能够准确估计出信号的来向角。

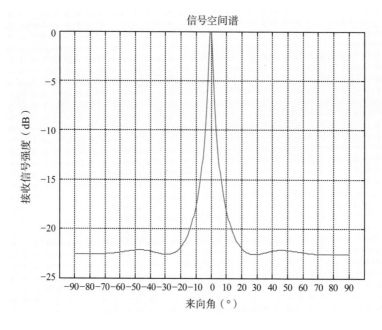

图 3-18　无人机来波方向估计

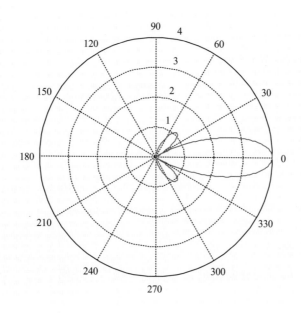

图 3-19　无人机来波极坐标（单位：°）

以三架无人机为例，则搜索谱峰，如图 3-20 和图 3-21 所示。

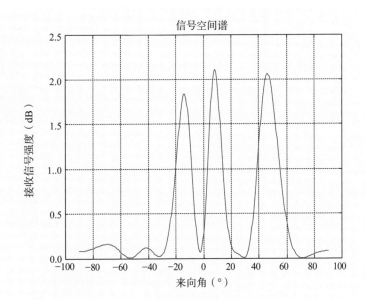

图 3-20　多波束空间谱估计

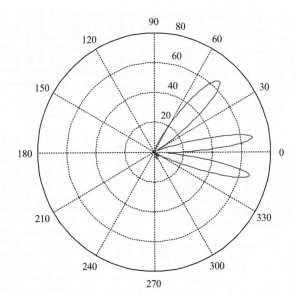

图 3-21　极坐标（单位：°）

二、波束形成技术

在利用超分辨技术获得了目标的波达方向以后，要求形成一定的波束对准目标，以实现有效的观察和跟踪。波束形成系统是由若干个传感器组成的阵列，将每个阵元输入信号进行采样所得到的时间序列进行线性组合后，得到一个标量输出的时间序列。其实质相当于一个多输入单输出的空域滤波系统。往往存在多个具有相同频带的信号叠加在一起的情况，这时时域滤波已经不能将它们分开。但这些信号通常来自不同的位置和方向，利用空域的自适应阵列处理能实现空域滤波从而提取所需目标信号。自适应阵列处理的重要内容是自适应波束形成，即要求阵列天线形成一个很窄的主波并自动对准所需要观测的目标；而在干扰信号方向上自动形成零陷，以使干扰信号得到最大限度的抑制。

波束形成系统在基带采用数字信号处理技术，便于集成，精度较高。数字波束形成技术的一般过程如图 3-22 所示，各阵元通道对接收信号下变频到中频或基带后，采用高速 A/D 转换为数字信号，利用数字信号处理技术形成适当的权矢量 $w_1 \cdots\cdots w_8$，最后利用自适应算法根据环境参数的变化而自适应地改变权矢量。

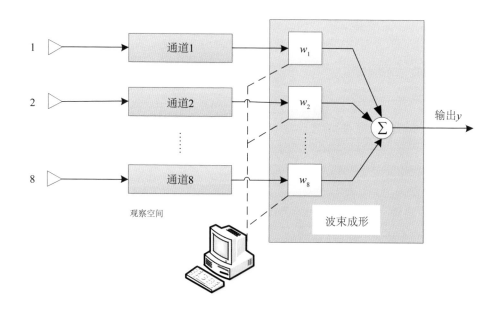

图 3-22　数字波束形成示意

自适应波束形成算法是智能天线研究的核心内容。由于信号、干扰和噪声是先验未知的，协方差矩阵不能直接计算，可利用有限采样值估计协方差矩阵，即利用采样矩阵求逆（Sample Matrix Inverse，SMI）算法计算。该算法又称为直接矩阵求逆（Direct Matrix Inverse，DMI），DMI 算法收敛速度要快得多，但是 DMI 算法需要矩阵求逆运算，运算量略大，硬件实现复杂。如图 3-23 所示，阵列输出信号 $y=w^\mathrm{T}x(t)$，根据 Capon 算法选取加权向量 w，可使信号来向上的信号得到最佳合并，而其他方向上的干扰和信号被抑制。假设信号的空间谱估计的角度为 0°，则信号的波束方向如图 3-23 所示，在信号来向形成主波束，同时具有较低的旁瓣。

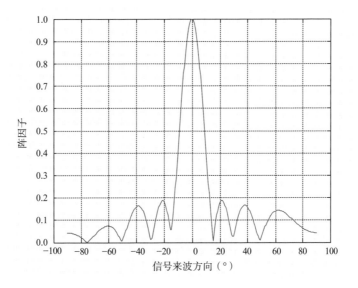

图 3-23　阵列信号方向

第四节　IP 数据报封帧技术

海域监测无人机类型丰富、形态多样，相关链路设备也种类繁多，为实现海域监测无人机的统一管理、协作控制和信息共享，必须实现链路设备的标准化、通用化，使各链路能够互联互通。各种数据链具有不同的物理层、链路层和网络层协议，其中网络层协议通常采用专用设计，要实现异类数据链的互联，就必须在它们各自的网络层协议上再进行一次标准协议封装。

基于成熟的 IP 协议传输技术，实现对数据链进行统一管理和分配是一条较好的解决途径，但将 IP 协议传输技术引入无人机数据链中，面临信息服务质量降低、传输延时、丢包率高等方面的问题；同时无线频带资源紧张，现有的 IP 协议同步传输方式将极大地降低链路传输效率，因此必须对 IP 协议传输技术进行适于无人机链路传输的改造和精简，达到效率、质量的平衡，即开展基于 IP 的异步传送方式（ATM）研究，同时采用面向连接的通信方式和交换技术体制，以满足不同业务对信息服务质量（QoS）的要求。

IP 数据报封帧技术具体实现方式为通过配置不同体制的数据链信道模块，多路调制解调完成基带处理。数据链到面向连接 ATM 信元传输帧的适配如图 3-24 所示。

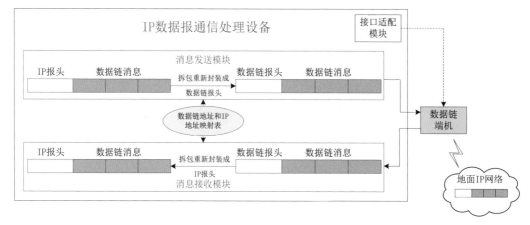

图 3-24　IP 协议封装结构

数据链帧将帧头、地址相互映射、替换形成 IP 帧。在数据链网络上封装 IP 协议，实现数据链特有的网络层协议到标准 IP 协议的映射转换，向用户屏蔽数据链的底层技术细节，对上提供精简的 IP 接口。为实现以太网驱动程序和网卡功能，标准化的 IP 层封装格式如表 3-1 所示。

表 3-1　IP 层封装格式

版本 4 bits	首部长度 4 bits	服务类型 TOS 8 bits	总长度 16 bits	
标识符 Ident：16 bits			标志：3 bits	片偏移：13 bits
生存时间：8 bits		协议号：8 bits	首部检验：16 bits	
源 IP 地址：32 bits				
目的 IP 地址：32 bits				
可选：32 bits				
数据：864 bit				

IP 协议的版本号用于选择 IPv4（0100）或者 IPv6（0110）；服务类型用于定义包的优先级，如普通（000）、优先（001）、立即发送（010）等；标示符用于目的端设备区分哪个包属于被拆分包的一部分；片偏移用于表示 IP 包在该组分片包中的位置，接收端靠此来组装还原 IP 包；协议号用于表示使用协议，如 TCP、UDP、ICMP 等；可选项主要用于测试，由起源设备根据需要改写；数据区用于存放所传送的遥测、链路信息。经过试验验证，IP 封帧之后数据传输效率不低于 85%。

利用 IP 数据报封帧技术，源数据可分包通过不同网络传输异步到达目标网关，随后目标网关接收并解开所有数据包，最终由目标主机识别源数据内容。

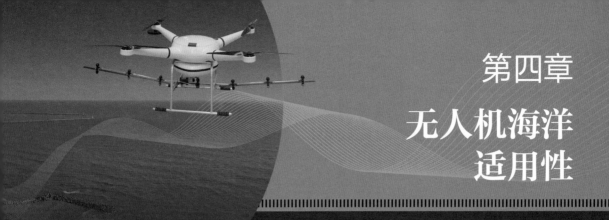

第四章
无人机海洋
适用性

海洋相对于内陆地区，具有高温、高湿和高盐雾等特殊的环境条件，海域无人机在使用、存储及运输过程中，其可靠性、稳定性和安全性均会受到海洋环境的影响。开展海域无人机的海洋环境适应性研究，要综合考虑海洋监测需求及海洋环境特点，研究海洋环境对无人机影响机理及防护措施，对无人机平台进行环境适应性改造及试验，以提高海域无人机的安全性、可靠性和稳定性。

此外，随着海域无人机数量逐年增加，海域无人机应用与管理也面临着诸多问题和挑战，如分散建设、缺乏统一的标准体系和技术规范、协同性低等。开展海域无人机准入研究，从海域无人机组成及分类、基本技术要求、各组成部分的技术指标要求和产品标识等方面，明确海域无人机通用技术要求，以规范海域无人机监测业务，提高作业效率，指导海域无人机的应用和建设。

第一节　无人机海洋环境适应性

无人机在海洋环境中所处的恶劣环境呈现相对多样化，但主要影响因素为霉菌、盐雾、高温和潮湿，通过参照国家军用标准对飞行器海洋环境适应性的要求，结合无人机海域应用特点，针对主要环境因素对无人机影响进行分类总结，为海域无人机在海洋环境中的适应性改造提供实验方法和参考手段。

一、海洋环境对无人机影响机理及防护

（一）霉菌对无人机系统的影响机理及防护

霉菌是单细胞真菌，产品中只要空气能够进入的部分便有可能被霉菌污染。大多数霉菌能够在 26 ~ 32℃、相对湿度 85% 以上的环境中大量繁殖和生长。由于霉菌表面是潮湿的，当其跨过绝缘表面繁殖时，可能引起短路。无人机在贮存和使用过程中难免会积聚灰尘、油脂和各种污物，这使得其表面也有能供给霉菌生长的营养物而易

长霉，同时霉菌分泌出的酶对许多有机物及矿物质有破坏作用，使得无人机的主体和其他部件（比如密封件、螺钉和漆膜等）受其影响造成腐蚀。

霉菌造成的危害主要有以下几个方面：

（1）霉菌产生的分泌物对金属材料有电解作用，会对无人机设备中的金属材料造成腐蚀破坏。

（2）对天然橡胶制成的密封件破坏，导致密封失效。

（3）塑料因增塑剂、填料被霉菌消耗而使塑性变差，加速材料的老化过程。

（4）绝缘材料的绝缘电阻和抗电强度大幅度下降，有可能导致微型电路板上的线路发生短路。

（5）设备的漆膜会被穿透，失去保护作用，造成点腐蚀。在适当的温度、湿度和 pH 条件下，霉菌几乎可以在任何表面生长，因此霉菌的侵蚀是不可忽视的因素。

针对上述危害，对霉菌的防护措施主要有：

（1）设计时选用抗霉性能好的材料和零部件。

（2）将设备完全密封，使设备内部空气保持干燥或者充入干燥的惰性气体，对于无法密封的仪器，定期通电加温，使仪器内湿度降低，抑制霉菌的生长。

（3）对于暴露在外的无人机表面或其他设备，表面喷涂防霉剂或防霉漆，同时需要进行定期维护保养，擦洗表面，把绝大部分灰尘和生长的霉菌去掉。

（4）对于存放无人机装备的仓库要在不增加仓库内湿度的情况下多通风。

（二）盐雾对无人机系统的影响机理及防护

在海洋环境中，盐雾是无人机装备发生腐蚀最主要的环境因素。盐雾的主要成分是氯化钠和氯化镁，其主要特点是能从相对干燥的大气中吸附水分，由于湿度大，当盐雾沉降在无人机表面形成一层液膜时，会长期保持潮湿状态，对无人机的表面和零部件造成严重的腐蚀。盐雾对金属材料的腐蚀形式主要有电偶腐蚀、线状腐蚀、应力腐蚀、小孔腐蚀和缝隙腐蚀等。

对盐雾造成无人机腐蚀的防护措施主要有：

（1）在满足金属构件质量轻、强度高和耐热耐磨的前提下选用防盐雾能力强的材料，由于铝合金的质量轻，同时具有较好的耐腐蚀性能，价格适中，通常选用铝合金作为无人机设备的金属材料。

（2）无人机的结构表面形状设计要尽量简单，过渡光滑合理，避免复杂的结构和随意组合的表面形式造成易腐蚀介质和水的积存。

（3）在同一结构中要尽量选取同一种金属材料，避免发生电偶腐蚀。

（4）对于无人机工作时直接暴露于自然环境的表面首先要进行材料的表面处理来防止腐蚀，例如对于铝合金进行阳极氧化处理，钢铁件采用热浸镀锌处理，之后在表面涂防护层，将金属与盐雾隔开，防止发生腐蚀。对于铝合金件通常采用阳极氧化—聚氨酯清漆或采用导电氧化处理—锶黄底漆—面漆的工艺过程。

（5）对于无人机系统中一些无法采用表面涂防护层的方法进行盐雾防护的部分，如吊挂和轴承等，可以将缓蚀剂溶解于油中，涂抹在部件表面，形成保护膜。

（三）潮湿、高温对无人机系统的影响机理及防护

潮湿是无人机电子设备损坏变质的主要因素之一，湿气中往往溶解有氯化物、硫酸盐和硝酸盐等，会引起和加剧金属的腐蚀，同时还为霉菌的生长提供了有利条件；而且潮湿会降低绝缘材料和电路板的绝缘电阻，降低绝缘性能，严重时造成设备漏电，甚至短路。

无人机系统中的电子元器件较多且较容易受到影响，针对无人机的防潮设计主要是对各个元器件进行密封和防潮包装，隔绝外界潮湿气体和水分的进入。对于无人机系统中的电子器件要保证有足够的距离，确保在正常情况下和潮湿环境中都不发生打火或者短路。对于暴露在外的接触面要避免不同金属的接触。

沿海地区普遍处在高温状态下，年平均气温能达到24.2℃，年最高平均气温为37℃，年极端最高气温为39.8℃，黑色体表温度在正午时候最高可达70℃。高温环境对无人机装备性能影响比较大，其对产品的作用机理主要以导热、对流和热辐射三种传热方式进行热交换。高温会加速无人机上非金属材料的老化，可能导致部分设备失灵。当环境温度每升高10℃时，高分子材料老化反应速度增大2.6倍。为了适应海洋环境中的高温环境，无人机装备的材料要选用耐高温抗老化的材料。

二、无人机的海洋环境适应性改造

结合海洋环境对无人机平台的影响机理分析，针对旋翼无人机、固定翼无人机进行海洋环境适应性改造研究，主要从材料选择、结构设计和表面工艺处理三个方面进行改造。

（一）材料选择

由于无人机要求重量尽可能轻，强度要尽可能高，所以目前大部分无人机及挂载设备所用的材料为碳纤维、蜂窝状玻璃钢等复合材料，由于碳纤维和玻璃钢与其他材

料相比具有更高的强度、更轻的质量，同时还有很好的耐腐蚀性能，所以目前碳纤维已经大量地运用于整个航空领域。因此，无人机的机体材料应选择碳纤维、蜂窝状玻璃钢等复合材料。

碳纤维是由有机纤维经固相反应转变而成的碳纤维聚合物碳，是一种新型的非金属材料，并且是复合材料中最常用，也是最重要的增强体。碳纤维复合材料的优异性主要体现在以下几个方面：①高的强度和比模量，可以使结构大幅度减少质量；②可设计性好，使得复合材料结构有可能按结构特点更好地优化设计，从而使设计的结构具有更高的结构效率；③良好的抗疲劳特性；④良好的耐腐蚀性能；⑤成型工艺性好。

碳纤维具有良好的耐腐蚀性能，同时具有质量比金属材料轻，强度优于一般金属等特点。对于无人机舱内设备和挂载的一些设备，选用耐腐蚀性能好的铝合金作为金属材料，铝合金满足质量轻便和经济适用等要求。对于无人机平台中的非金属材料，主要采用聚四氟乙烯、聚碳酸酯、改性聚苯乙烯、有机玻璃和硅橡胶等，这些材料具有不长霉、耐老化的特性。

（二）结构设计

对于旋翼无人机和固定翼无人机的结构改造主要从设备密封和结构形式入手，考虑到成本以及对无人机整个系统性能的影响，改造以加装密封圈、密封垫和涂抹密封胶等简单有效的方式为主，不考虑复杂的密封形式以及对无人机系统进行较大的结构改动，具体的改造措施如下（图4-1）。

（1）无人机外壳的形状要尽可能简单，表面过渡光滑合理，避免造成积水。

（2）无人机的机舱和设备的各个金属组件在装调时均要加密封条或用硅橡胶密封条密封牢固。

（3）无人机上的金属部件全部采用抗酸氧化处理，运动部件要涂抹航空润滑脂。

（4）对于无人机可能造成积水和留有湿气的空间要开设排水孔和排气孔，必要时在设备内部放置干燥剂除湿。

（5）无人机设备中所有的盖板设计成带有密封圈或密封垫的结构形式，对于某些重要部件，如有必要，加装特殊的保护装置，采用密封良好的保护罩对其进行保护。

（6）对于无人机设备中螺钉和金属连接的部位，螺孔要涂抹阿洛丁和环氧底漆，螺钉采用耐腐蚀不锈钢材料或进行镀镉处理，并用润滑防护脂或者点胶的形式进行湿态安装。

（7）在同一结构中尽量使用同一种金属，避免不同金属接触造成腐蚀。

（8）对于无人机设备一些无法避免的结构缝隙情况要采用刮腻子、喷涂底漆、涂密封胶等手段进行涂覆，避免发生缝隙腐蚀。

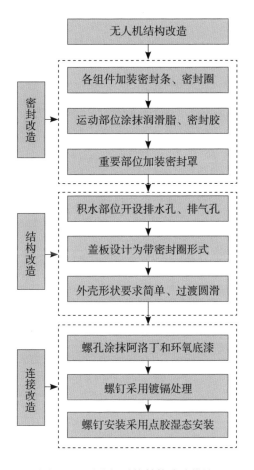

图 4-1　无人机系统结构改造措施

（三）表面工艺处理

无人机的防护工艺主要是对无人机外壳和直接暴露在外的设备表面进行表面涂镀，以及对无人机的存放环境进行改造，使设备表面与周围介质隔离，起到防护作用。

1. 无人机表面喷涂

无人机外壳材料为玻璃钢或碳纤维，在喷涂底漆前要保证机壳表面光洁，不存在油污、铁屑、锈迹氧化皮等污物，之后依据喷涂的工艺规章进行底漆和面漆的喷涂。常用的涂覆材料有丙烯酸类、聚氨酯类、环氧树脂类和有机硅胶类，不同的涂覆材料的理化性能和工艺性能各有差异，要根据具体的使用要求和具备的工艺条件慎重选择适合产品的涂覆材料，表4-1和表4-2为常用涂料的分类、特点及性能对比。

表4-1　常用涂料分类及特点

常用涂料	特点
丙烯酸	容易涂覆，有理想的电性能、物理性能、抗腐蚀性和抗霉菌性，使用期长，固化时间短，固化时不放热，但对溶剂敏感
聚氨酯	有单组分和双组分两种，长期介电性好，有优越的防潮性能和抗化学品性能，去除时需要使用专用的剥离剂。涂覆前必须保证表面清洁，特别是不能有水分存在
环氧树脂漆	一般为双组分，使用期短，防潮性能、抗盐雾性能和抗化学品性能好，去除时需要用物理手段剥离掉环氧树脂漆膜，涂覆前需对易碎元件施加保护措施
有机硅胶	热性能特别优秀，能在200℃下连续工作，此外，防潮性能和抗腐蚀性能也非常好。但是适用期短，热膨胀系数较大

表4-2　涂覆材料性能对比

性能	丙烯酸	聚氨酯	环氧树脂漆	有机硅胶
体电阻率 $\rho/(v\cdot\Omega^{-1}\cdot cm^{-1})$	$10^{12}\sim10^{14}$	$10^{11}\sim10^{14}$	$10^{12}\sim10^{15}$	$10^{13}\sim10^{15}$
相对介电常数 ε	$3.8\sim4.2$	3.8	3.4	$2.6\sim2.8$
损耗角正切 $\tan\delta$	3.5×10^{-2}	3.4×10^{-2}	2.3×10^{-2}	3.5×10^{-3}
热膨胀系数 $\alpha/(10^{-5}\,℃^{-1})$	$5.0\sim9.0$	$10.0\sim20.0$	$4.5\sim6.5$	$6.0\sim9.0$

由于环氧树脂漆具有附着力强、防腐蚀性、耐水性等优点，同时热稳定性和电绝缘性优良，所以适用于无人机表面的喷涂，但该漆经日晒后会失光粉化，不适合作为面漆使用。丙烯酸具有容易涂覆，有理想的电性能、物理性能、抗腐蚀性和抗霉菌性，使用期长，固化时间短等良好的性能，而且其固化后的漆膜具有优异的丰满度，光泽美观、耐磨、耐划伤、耐水、耐腐蚀，所以无人机外壳的面漆应选用丙烯酸涂料。

2. 材料的表面处理

对于无人机上一些机械加工的金属零部件，在综合考虑经济适用和其他因素的情况下，尽可能提高材料的表面粗糙度，使得材料具有更强的抗腐蚀性能，对于铝合金的零件要进行表面阳极氧化处理，对于钢制零件表面要进行热浸镀锌处理，之后再喷涂锶黄底漆，最后喷涂聚氨酯面漆。

3. 其他措施

除了对无人机设备表面进行喷涂工艺防护外，无人机设备的存放环境也要进行改造，在不增加仓库内湿度的情况下，尽量多通风。对于无人机平台中无法完全密封的仪器设备，要定期通电加温（15 d 或者 30 d 一次），降低设备内的湿度。

无人机在进行喷涂时要遵守涂料喷涂的工艺流程，工艺流程如下：

表面打磨—清洗—吹干—保护—上线—烘干—冷却—去静电—除尘—喷底漆—流平—升温—固化—冷却—下线—晾置—刮腻子—晾置—打磨—清理—刮灰—晾置—打磨—清洗—吹干—保护—上线—烘干—冷却—晾置—冷却—去静电—除尘—喷面漆—流平—升温—固化—冷却—下线—晾置—打磨—抛光—喷贴标识—晾置—包装

三、无人机的海洋环境适应性试验

通过参考国家军用标准中关于军用设备环境试验方法相关标准，结合我国海域监视监测应用需求，对无人机系统海域环境适应性进行试验研究，提出试验方法和通过标准。

（一）霉菌试验

试验目的用于鉴定海域无人机系统设备的抗霉能力。试验条件参考《军用设备环境试验方法 霉菌试验》（GJB 150.10A—2009）的规定进行试验。

具体试验条件如表 4-3 所示。

表 4-3 霉菌试验条件

试验阶段	温度 /（℃）	温度容差 /（℃）	相对湿度 /（%）	相对湿度容差 /（%）	每周期时间 / h	试验周期 / d	试验菌种
接种前	30	±1	95	±5	4	1	黑曲霉、黄曲霉、杂色曲霉、绳状青霉、球毛壳霉
接种后	30	±1	95	±5	20	28	

对试验结果按 GJB 150.10A—2009 中的试验评判标准进行评判，试验通过的判断标准见表 4-4 和表 4-5。

表 4-4　霉菌试验结果等级评判

等级	长霉程度	霉菌生长情况
0	不长霉	未见霉菌生长
1	微量生长	霉菌生长和繁殖稀少或局限。生长范围小于实验样品总面积的 10%，基质很少被利用或未被破坏。几乎未发现化学、物理与结构的变化
2	轻微生长	霉菌的菌落断续蔓延或松散分布于基质表面，霉菌生长占总面积的 30% 以下，中量程度繁殖
3	中量生长	霉菌较大量生长和繁殖，占总面积 70% 以下，基质表面呈化学、物理与结构的变化
4	严重生长	霉菌大量生长繁殖，占总面积的 70% 以上，基质被分解或迅速劣化变质

表 4-5　霉菌试验通过判断标准

序号	部件类型	通过标准
1	印制板	不超过 1 级
2	无人机外壳、结构件材料等	不超过 2 级
3	电源线、网线、光缆、低频信号线、射频线缆等	不超过 3 级

（二）盐雾试验

试验目的是鉴定海域无人机系统设备的抗盐雾大气影响的能力，试验条件参考 GJB 150.11A—2009 的规定。

具体试验条件及评级标准见表 4-6 和表 4-7。

表 4-6　盐雾试验条件

试验温度 / ℃	盐溶液				盐雾沉降率 / (mL/80 cm²·h)	喷雾方式	试验时间 / h
	成分	浓度 / (%)	允差 / (%)	pH 值			
35	NaCl	5	±1	6.5 ~ 7.2	1 ~ 3	连续喷雾	48 h 再放置 48 h

表 4-7　盐雾试验的评级标准

等级	破坏程度
一级	轻微变色；漆膜无起泡、生锈和脱落等现象
二级	明显变色；漆膜表面起微泡面积小于 50%；局部小泡面积在 4% 以下；中泡面积在 1% 以下；锈点直径在 0.5 mm 以下；漆膜无脱落
三级	严重变色；漆膜表面起微泡面积小于 50%；小泡面积在 5% 以上；出现大泡；锈点面积在 2% 以上；漆膜出现脱落现象

通过盐雾试验，受试产品外观符合下列要求为合格：

（1）无人机表面防盐雾等级能达到三级；

（2）结构件金属无发暗变黑；

（3）金属结合处无严重腐蚀；

（4）金属防护层腐蚀面积占金属防护层面积的30%以下；

（5）非金属材料无明显的泛白、膨胀、气泡、皱裂以及麻坑等。

（三）湿热试验

试验目的是鉴定海域无人机系统设备的抗高温高湿的能力。试验条件参考GJB 150A.9—2009的规定，具体试验条件见表4-8。

表4-8 湿热试验条件

试验阶段	温度 /（℃）	温度容差 /（℃）	相对湿度 /（%）	相对湿度容差 /（%）	时间 /h	试验周期 /d
保持阶段	23	±2	50	±5	24	1
升温阶段	30~60	—	升至95	—	2	10
高温高湿阶段	60	±2	95	±5	6	
降温阶段	60~30	—	>85	—	8	
低温高湿阶段	30	±2	95	±5	8	

试验控制图如图4-2所示。

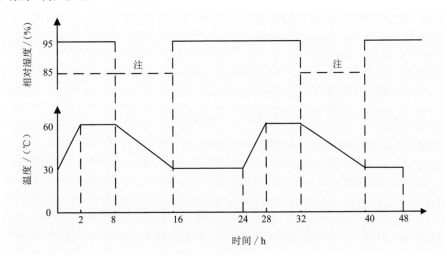

图4-2 湿热试验控制

温度下降时，相对湿度保持在85%以上

在第 5 个周期、第 10 个周期接近结束前，试验样品处在温度 30℃、相对湿度 90% ~ 95% 的条件下进行检测。

通过湿热试验，受试产品符合以下条件为合格：

（1）无人机设备外观无明显变形、破损、锈蚀情况发生；

（2）无人机上设备以及地面设备能够正常工作，各类指示灯能够显示正常；

（3）数据能够正常传输和接收，图像清晰连续。

第二节　海域无人机准入

为了规范海域无人机各组成部分的技术要求，确保无人机的功能、指标参数和质量等能够满足海域动态监管业务的需求，研究团队结合海域动态监视监测业务需求及实际飞行作业与管理积累的经验，从无人机平台基本组成和分类、无人机技术要求、产品包装和标识要求等方面提出了海域无人机准入建议标准。

一、海域无人机平台基本组成和分类

（一）基本组成

海域无人机是指集成无人机平台、任务载荷、数据链和地面站等部分，应用于海域监测的无人机系统。海域无人机（以下简称"无人机"）一般应包括以下五个部分：

（1）无人机平台，用于搭载任务载荷执行飞行作业任务；

（2）任务载荷，用于获取监测数据；

（3）数据链，用于地面站与无人机以及其他机载设备之间的数据和控制指令的传输；

（4）地面站，实现对飞行任务的管理控制，可分为便携站、移动站、固定站等；

（5）地面保障设备，为无人机作业提供保障。

海域监测用无人机基本组成如图 4-3 所示。

（二）无人机分类

海域无人机分类有多种方法，常见的分类包括以下几个方面。

（1）无人机按平台构型分类，可分为：①固定翼无人机；②旋翼无人机，包括无人直升机和多旋翼无人机；③复合翼无人机；④其他。

（2）无人机按动力分类，可分为：①电动力；②燃料动力；③混合动力；④其他。

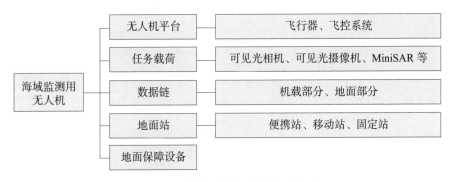

图 4-3　海域监测用无人机基本组成

无人机按重量分类如表4-9所示（当空机重量分级与最大起飞重量分级不一致时，归入编号较大的级别）。

表 4-9　无人机按重量分类

分类	分级	空机重量 W / kg	最大起飞重量 W' / kg
轻型无人机	Ⅰ级	$1.5 < W \leq 4$	$1.5 < W' \leq 7$
小型无人机	Ⅱ级	$4 < W \leq 15$	$7 < W' \leq 25$
中型无人机	Ⅲ级	$15 < W \leq 116$	$25 < W' \leq 150$
大型无人机	Ⅳ级	$116 < W$	$150 < W'$

无人机其他分类参见《民用无人驾驶航空器系统分类及分级》（GB/T 35018—2018）中有关无人驾驶航空器的分类方法。

二、海域无人机技术要求

海域无人机的技术要求包括总体技术要求以及各组成部分的具体技术要求，从整体和局部提出海域无人机应满足的具体技术要求。

（一）总体技术要求

从无人机的可靠性、可维护性、应急性、海洋环境适应性及业务的可扩展性提出总体的技术要求。

1. 可靠性要求

无人机可靠性应满足如下要求：无人机平均无故障（非人为因素故障）工作时间不小于 50 h；无人机所有部件应能适应贮存、运输和飞行情况下的海洋环境条件，其性能不受损害。

2.可维护性要求

无人机可维护性应满足如下要求：无人机各部件便于拆卸、检查、维护和保养；同型号的无人机零部件采用标准化设计，具有互换性；无人机维护维修平均恢复时间不大于 0.5 h。

3.应急性要求

无人机应急性应满足如下要求：中小轻型无人机能在 15 min 内完成组装、调试、起飞；大型无人机能在 30 min 内完成组装、调试、起飞；无人机的飞行控制系统应具有失控保护功能（如具备应急伞降设备或自动安全迫降功能等），避免或减小对地面目标及无人机本身的冲击和损害。

4.海洋环境适应性要求

霉菌侵蚀防护要求：无人机宜选用抗霉性能好的材料和零部件，必要时装备表面可涂料保护或使用防霉剂抑制霉菌滋生。

盐雾腐蚀防护要求：无人机宜选用盐雾防护能力强的材料和零部件，必要时可在装备表面涂保护层。

湿度、高温防护要求：无人机温度、湿度防护能力应满足如下要求。

（1）工作温度范围满足：$-25 \sim 55℃$；

（2）工作相对湿度范围满足：$15\% \sim 85\%$；

（3）无人机应采用防潮包装，避免外部潮气的进入；

（4）无人机电子器件间应有足够的距离，保证在潮湿环境中工作时不发生打火或者短路；

（5）无人机应选用耐高温、抗老化的材料。

5.业务的可扩展性要求

业务的可扩展性主要体现在技术扩展性和海洋业务扩展性两个方面。

技术扩展性主要要求如下：

（1）具备任务载荷扩展能力，依据自身有效载重，针对不同任务需求，能搭载相应的载荷；

（2）宜采用开放的系统架构，组件化的设计思想，减少系统的耦合性，提高系统的复用性；

（3）采用标准的硬件接口、接插件和结构件；

（4）采用标准规范的软件接口协议。

海洋业务扩展性主要要求如下：

（1）能够扩展海域开发利用活动监视监测、海岛监视监测、海岸带空间资源监视监测等相关业务应用；

（2）能够提供标准开放数据接口，支持飞行数据（包括遥测数据、飞行影像数据、飞行任务数据、状态监控数据等）接入相关业务系统统一展示。

（二）无人机平台要求

无人机平台是用于海域监测的无人驾驶飞行器。具体要求可分为功能要求和指标要求两方面。

1. 功能要求

无人机平台应至少满足但不限于如下功能要求：

（1）具备任务载荷挂载功能；

（2）具备状态自检测功能；

（3）支持北斗、GPS等导航模式；

（4）具备航迹飞行功能，能按照预先设计的航线和任务模式进行自主平稳飞行作业；

（5）具备一键返航功能，保证无人机在任何飞行状态下能按照预置的安全策略自动返航；

（6）具备失联保护功能，保证数据链中断超过预设时间时无人机能按照预置的安全策略自动返航；

（7）具备应急安全保护模式，如具备应急伞降或自动安全迫降功能等；

（8）具备追踪器或位置报告模块，能实时获取飞机位置；

（9）具备限飞、禁飞等功能，防止误操作无人机进入敏感海域、机场、争议领域等区域；

（10）起降方式应适应海域海岛等复杂场地环境要求，可选择滑跑起飞、弹射起飞、手抛起飞、垂直起飞等起飞方式和滑跑降落、垂直降落、撞网降落、伞降回收等降落方式；

（11）具备飞行日志记录功能，能详细记录飞行过程中的飞行参数、操作记录、状态记录、故障记录等，并支持日志存储、导出和回放；

（12）无人机意外坠机后应易于寻回，若意外坠于海上应能漂浮，且具备应急通信手段（如北斗等）持续发送位置信息。

2. 指标要求

无人机平台技术指标主要考虑速度指标（如巡航速度）、高度指标（如实用升限）、续航时间、飞行作业半径、飞行姿态平稳度、航迹控制精度、有效载重和抗风能力等方面。

具体性能指标要求如下。

（1）固定翼无人机指标要求见表4-10。

表4-10 固定翼无人机性能指标要求

类型	轻型无人机	小型无人机	中型无人机	大型无人机
巡航速度 /(km/h)	50～100	70～110	90～140	110～200
实用升限 / m	≥1 000	≥2 000	≥4 000	≥5 000
续航时间 / h	0.5～1	1～2	2～5	≥5
飞行作业半径 / km	≥10	≥40	≥100	≥200
飞行姿态平稳度 /(°)	俯仰角误差＜±3 滚转角误差＜±3 偏航角误差＜±3	俯仰角误差＜±3 滚转角误差＜±3 偏航角误差＜±3	俯仰角误差＜±3 滚转角误差＜±3 偏航角误差＜±3	俯仰角误差＜±3 滚转角误差＜±3 偏航角误差＜±3
航迹控制精度 / m	水平≤1.5， 垂直≤3	水平≤1.5， 垂直≤3	水平≤10， 垂直≤10	水平≤20， 垂直≤20
有效载重 / kg	0～1	1～5	5～30	＞30
抗风能力	3级	4级	5级	6级
防雨能力	抗小雨	抗小雨	抗中雨	抗中雨

（2）旋翼无人机指标要求见表4-11。

表4-11 旋翼无人机性能指标要求

类型	轻型无人机	小型无人机	中型无人机	大型无人机
巡航速度 /(km/h)	20～60	30～70	50～100	80～150
实用升限 / m	≥500	≥1 000	≥1 500	≥2 000
续航时间 / h	0.5～1	1～2	2～5	≥5
飞行作业半径 / km	≥3	≥10	≥30	≥100
飞行姿态平稳度 /(°)	俯仰角误差＜±5 滚转角误差＜±5 偏航角误差＜±5	俯仰角误差＜±5 滚转角误差＜±5 偏航角误差＜±5	俯仰角误差＜±5 滚转角误差＜±5 偏航角误差＜±5	俯仰角误差＜±5 滚转角误差＜±5 偏航角误差＜±5
航迹控制精度 / m	水平≤2， 垂直≤2	水平≤3， 垂直≤3	水平≤5， 垂直≤5	水平≤10， 垂直≤10

续表

类型	轻型无人机	小型无人机	中型无人机	大型无人机
有效载重 / kg	0 ~ 1	1 ~ 5	5 ~ 30	>30
抗风能力	3 级	4 级	5 级	6 级
抗雨能力	抗小雨	抗小雨	抗中雨	抗中雨

（三）任务载荷要求

任务载荷是指搭载在无人机平台上，完成海域监测等特定任务的设备或装置。具体要求可分为功能要求和指标要求。

1. 功能要求

无人机搭载的主要任务载荷包括但不限于可见光相机、多光谱相机、高光谱相机和激光雷达等。无人机任务载荷功能要求如下：

（1）满足海域监测需求，获取精准可靠的监测信息；

（2）具有与无人机平台兼容匹配的机械接口、数据接口及信号控制接口，能固定安装于机身；

（3）连续工作时间不小于无人机平台的续航时间；

（4）具备足够的空间存储飞行任务中的全部监测数据；

（5）任务载荷的选配应充分考虑监测内容和任务要求，并符合无人机平台的载重能力。

2. 指标要求

无人机任务载荷基本指标要求参考表 4-12。

表 4-12　无人机任务载荷基本指标要求

序号	任务载荷	基本指标
1	可见光相机	有效像素应 ≥ 2 000 万 可根据任务需要，具备相机自动控制与管理能力 摄录视频应 ≥ 4Kdpi 分辨率 支持高清视频输出
2	高光谱相机	频带数 ≥ 200；光谱分辨率 < 3.5 nm；视场角 ≥ 40°
3	多光谱相机	重量 ≤ 5 kg；谱段数 ≥ 4
4	激光雷达	测距范围 ≥ 50 m；精度优于 2 cm

（四）数据链要求

数据链是完成遥控、遥测、任务载荷数据传输以及实现无人机跟踪定位的测控通信设备，具体要求可分为功能要求和指标要求。

1. 功能要求

数据链能实现地面站与无人机之间数据和控制指令的传输，其中地面站到无人机的上行链路传输遥控指令或数据，无人机到地面站的下行链路传输遥测数据与任务载荷信息。数据链主要包括机载和地面两部分。数据链主要功能要求如下：

（1）数据传输距离大于飞行作业半径；

（2）数据传输速率大于实时回传数据的总带宽；

（3）上行遥控命令延迟不大于 20 ms，下行遥测数据延迟不大于 200 ms；

（4）传输误码率小于 10^{-5}；

（5）具有电磁兼容能力，具备多机共存作业能力，不对其他电子设备产生干扰，电磁兼容性要求宜满足《电磁兼容试验和测量技术射频电磁场辐射抗扰度试验》（GB/T 17626.3—2016）标准；

（6）数据链使用的通信频率及安全性应符合国家有关规定，应满足信息产业部颁发的信部无〔2002〕277 号、信部无〔2002〕353 号，工业和信息化部颁发的工信部无〔2015〕75 号有关文件要求；

（7）应用于大中型无人机的数据链还应具备一站多机和跨小区接力无缝软切换功能。

2. 指标要求

根据上述功能要求及无人机平台要求，数据链主要指标要求见表 4-13。

表 4-13　无人机数据链指标要求

无人机类型	最大传输距离 / km	数据链类型
轻型	≥ 10	超近程数据链（数传）
	≥ 8	超近程数据链（图传）
小型	≥ 40	超近程 / 近程数据链（数传）
	≥ 30	超近程 / 近程数据链（图传）
中型	≥ 100	近程数据链（数传）
	≥ 50	近程数据链（图传）
大型	≥ 200	中远程数据链（数传）
	卫星覆盖范围内	卫星通信中继数据链
	≥ 100	中远程数据链（图传）

（五）地面站要求

地面站是指专用于无人机地面控制和管理的设备，具体要求包括功能要求和指标要求。

1. 功能要求

地面站在地面实现无人机航迹规划和调整、飞行控制、飞行状态监控、任务载荷监控、通信链路监控、实时视频回传显示等一体化综合管控和保障，是无人机的指挥控制中心。地面站主要功能要求如下。

（1）具备无人机任务规划与设计功能，包括但不限于航线自动生成及任务载荷设置功能。

（2）具备无人机飞行控制功能，能通过数据链向飞机发送数据和控制指令等；对于返航、降落、停车等关键操作应使用复合指令或在执行操作前有明显提示，防止误触发、误操作。

（3）具备无人机飞行状态监控功能，能显示飞行参数、任务参数和设备工作状态信息，包括但不限于飞行高度、速度、航向、姿态、位置、飞行时间、剩余电量（油量）、发动机状态等。

（4）具备无人机飞行状态数据接收、记录、存储、导出和回放功能。

（5）具备无人机任务载荷控制功能。

（6）具备无人机视频载荷实时视频查看功能。

（7）飞行任务应能保存，支持重复调用和编辑。

（8）具备异常报警功能，在电量不足、发动机停车、无人机失速等紧急情况下，以明显的声或光的形式进行报警提示。

（9）具备地图航迹显示功能，包括航迹实时显示、预定飞行航迹显示等，地图显示应平滑实时并易于操作，支持电子地图和卫星地图等多种地图显示，支持离线地图缓存功能。

（10）无人机供应商应能提供地面站软件遥测通信协议接口，以便实现遥测信息接入相关业务管理系统。

2. 指标要求

地面站主要指标要求如下。

（1）应采用适合野外环境使用的加固计算机，具备防水防尘（达到 IP67 等级）、抗震动和抗冲击能力。

（2）显示设备应采用高亮屏，在强光下能清晰显示。

（3）应采用集成化设计，拆装方便、便于携带与搬运。

（4）计算机内存、CPU、硬盘、操作系统等条件应满足地面站软件的安装要求。

（5）电池接头连接应牢固可靠，充电操作方便，续航时间应大于飞行作业时间。

（6）具有通用的 USB 接口、串口、电源接口、LAN 接口等。

（7）地面站软件规划单架次飞行任务，可编辑航路点应不少于 200 个。

（8）地面站应能存储不少于 50 架次的无人机飞行遥测、状态监控及日志数据，且容量可扩展。

（六）地面保障设备要求

地面保障设备一般包括无人机备品备件、工具箱、防水包装箱、电池防爆箱、照明灯、发电机和飞行联试记录表等，保障飞行前准备和地面联试工作，确保无人机作业能顺利进行。基本要求如下。

（1）无人机应配备常用备品备件，如机翼、尾翼、主/尾旋翼、总/尾舵机、起落架、备用螺旋桨及多种垫片等。

（2）无人机应配备飞行联试记录表，记录表中应包含飞行前检查项目明细、飞行环境（地理环境、气候环境）确认明细等。

（3）配备的工具箱及工具应完全满足无人机平台拆卸组装及联试工作要求。

（4）应配备专用便携、减震、防水包装箱，便于运输。

（5）应保障无人机起飞、降落满足合适的场地环境条件。

三、产品包装和标识要求

无人机产品包装及标识要求如下。

（1）无人机应具备出厂合格证、备附件清单、产品说明书、产品技术手册等。

（2）无人机制造商应能提供现场技术指导、软件使用培训、远程咨询服务、远程协助服务等，能提供软件更新升级服务及售后保修服务，保障无人机正常运行。

（3）产品包装应符合牢固、美观和经济的要求，做到结构合理、紧凑、防护可靠，在正常储运、装卸条件下，保证产品不致因包装不善而引起设备损坏、性能降低、散失、锈蚀和长霉等。包装储运图示标志要求宜满足《包装储运图示标志》（GB/T 191—2008），整机在储运状态下，能承受运输和贮存中所遇到的加速度、冲击、振动和降水等。

（4）无人机设备应标识制造厂家名称或商标、产品名称和型号、出厂编号和生产日期等信息。

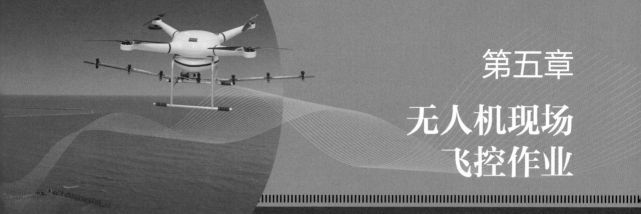

第五章
无人机现场飞控作业

海域无人机监测作为航空遥感监测的一个分支，产品以航空测量数字正射影像产品为主。近年来，我国沿海地区海域无人机监测快速发展，无人机数量翻倍增加，作业面积大幅增长。由于海域无人机属于航空器，具有高使用风险性，不规范现场作业会危及国家和公共安全，造成人员伤害和经济损失。为规范海域无人机现场作业流程，保证海域无人机安全，有效开展监测工作，保障数据成果质量，提升海域监管能力，本章依据长期作业经验，从飞行任务执行与安全作业保障、无人机飞行作业前的测量准备、飞行质量与数据质量要求和作业数据管理四个方面梳理了无人机现场作业的通用基本要求。但在实际作业中，还需同步考虑任务要求、作业环境、现场作业技术要求等具体内容。

第一节　飞行任务执行与安全作业保障

一、无人机飞行任务执行

（一）系统要求

应依据飞行任务选取合适的飞行平台和任务设备（载荷）。

1. 飞行平台（作业飞机选型）要求

（1）飞行高度。无人机进行海洋领域的作业主要为海平面附近的低空（据地面或海面 100 ~ 1 000 m）飞行，无人机飞行高度指标应满足飞行要求。

（2）续航能力。根据作业区域面积和距离确定无人机应具备的续航能力。

（3）抗风能力。根据当地气象条件确定无人机应具备的抗风能力，为保障安全，无人机系统一般应具备 4 级风力气象条件下安全飞行的能力。

（4）飞行速度。根据任务要求（拍摄高度、重叠率等）确定巡航速度，航空摄影时巡航速度一般不超过 120 km/h，最快不超过 160 km/h。

（5）自动驾驶仪。航路点和曝光点的存储数量不宜少于 1 000 个。

（6）导航定位 GNSS（以 GPS 为例）。导航定位 GPS 应满足以下要求：①数据输出频率应不小于 4 Hz；②可使用双天线 GPS 导航和自动修正旋角；③可使用带数据存储功能的双频 GPS 差分定位或精密单点定位来解算实际曝光点坐标。

（7）惯性测量装置。可使用惯性测量装置辅助内业空中三角测量计算和稀少控制、无控制测图。用于直接定向法测图的惯性测量装置的测角精度应达到侧滚角、俯仰角不大于 0.01°，航偏角不大于 0.02°。

（8）监控范围。无人机系统应配备数传电台和地面监控站，监控半径应大于 5 km。

（9）任务载荷。根据具体任务确定无人机应具备的载荷能力。

2. 任务设备要求

任务设备以数码相机为例，其他任务设备可参照执行。

（1）数码相机应满足以下基本要求：①相机镜头应为定焦镜头，且对焦无限远；②镜头与相机机身，以及相机机身与成像探测器稳固连接；③成像探测器面阵应不小于 2 000 万像素；④最高快门速度应不低于 1/1 000 s。

（2）数码相机检校应满足以下要求：①相机检校参数应包括：主点坐标、主距和畸变差方程系数；②相机检校时应在地面或空中对检校场进行多基线多角度摄影，通过摄影测量平差方法得到相机参数的最终解，并统计精度报告；③检校精度应满足相应标准；④其他检校要求按照《数字航摄仪检定规程》（CH/T 8021—2010）执行。

（3）数据动态范围。影像每通道的数据范围不应小于 8 bit，可采用压缩格式，压缩倍率不应大于 10 倍。

（4）存储。相机存储器可容纳影像的数量不应少于 1 000 张。

（5）供电。相机电池可支持连续工作应不少于 2 h。

（二）任务计划与任务设计

以航摄任务为例，其他任务可参照执行。

1. 任务计划

进行任务前，应明确任务范围、精度、用途等基本内容，制订详细的实施计划。

2. 任务设计

（1）地面分辨率的选择。各摄影分区基准面的地面分辨率应根据不同比例尺航摄成图的要求，结合分区的地形条件、测图等高距、航摄基高比及影响用途等，在确保成图精度的前提下，本着有利于缩短成图周期、降低成本、提高测绘综合效益的原则进行选择。

（2）航摄分区的划分。划分航摄分区应遵循以下原则：①分区界限应与图廓线相一致；②分区内的地形高差不应大于 1/6 摄影航高；③在地形高差符合②条规定，且能够确保航线的直线性的情况下，分区的跨度应尽量划大，能完整覆盖整个摄区；④当地面高差突变，地形特征差别显著或有特殊要求时，可以破图廓划分航摄分区。

（3）分区基准面高度的确定。依据分区地形起伏、飞行安全条件等确定分区基准面高度。

（4）航线数设方法。航线数设应遵循以下原则：①航线一般按东西向平行于图廓线直线飞行，特定条件下亦可作南北向飞行或沿线路、海岸等方向飞行；②曝光点应尽量采用数字高程模型依地形起伏逐点设计；③尽可能避免主点落水，要确保所有航摄区完整覆盖，并能构成立体像对。

（5）航摄季节和航摄时间的选择。航摄季节和航摄时间的选择应遵循以下原则：①航摄季节应选择摄区最有利的气象条件，确保航摄影像能够真实地显现地面细部；②航摄时，既要保证具有充足的光照度，又要避免过大的阴影。

（三）任务实施

航摄任务实施应满足以下要求：

（1）使用机场时，应按照机场相关规定飞行；不使用机场时，应根据飞行器的性能要求，选择起降场地和备用场地。

（2）航摄实施前应制订详细的飞行计划，且应针对可能出现的紧急情况制订应急预案。

（3）在保证飞行安全的前提下可实施云下摄影。

（4）进行任务飞行时，风力不得大于无人机最大抗风能力。

（5）航摄实施的其他要求按照《无人机航摄仪安全作业基本要求》（CH/Z 3001—2010）执行。

（6）在需要进行差分 GPS 测量计算实际曝光点坐标的情况下，可就近布设 GPS 地面基站点。

二、无人机安全作业保障

（一）技术准备

1. 资料收集

任务作业前，应充分收集与作业地区有关的地形图、影像等资料或数据，了解作业地区地形地貌、气候条件、风力状况、海域状况、航测区域位置和重要设施等情况，并进行分析研究，确定飞行区域的空域条件、设备对任务的适应性，制订详细的项目实施方案。

2. 技术设计

设计航线总航程应小于无人机能达到的最远航程；根据地面分辨率、航摄范围的要求，航摄时间、航线布设、影像重叠度、分区等按照《低空数字航空摄影规范》（CH/Z 3005—2010）相关要求执行。

3. 设备器材

设备器材选用：根据任务性质和工作内容，选择所需的设备器材，其规格型号、数量和性能指标应满足任务的要求。

设备检查与调试：对选用的设备进行检查和调试，使其处于正常状态。飞机在装箱运输前需经过完善的性能测试和功能调试，应确保飞机机身、飞控、舵机、电台、数据链和相机等均正常时。

（二）实地踏勘和场地选取

1. 实地踏勘

实地信息采集：工作人员需对摄区或摄区周围进行实地踏勘，采集地形地貌、气候条件、交通和居民分布等信息，为起降场地的选取、航线规划以及制订应急预案等提供资料。

起降场地坐标：实地踏勘时，应携带手持或车载 GPS 设备，记录起降场地和重要目标的坐标位置，结合已有的地图或影像资料，计算起降场地的高程，确定相对于起降场地的航摄飞行高度。

2. 场地选取

常规航摄作业：根据无人机的起降方式，寻找并选择适合的起降场地，非应急性的航摄作业，起降场地应满足以下要求。

（1）距离军用、民用机场须在 10 km 以上。

（2）起降场地相对平坦、通视良好。

（3）远离人口密集区，半径 200 m 范围内不能有高压线、高大建筑物、重要设施等。

（4）附近无正在使用的雷达站、微波中继、无线通信等干扰源，在不能确定的情况下，应测试信号的频率和强度，如对系统设备有干扰，须改变起降场地。

（5）对于固定翼无人机，采用滑跑起飞、滑行降落的，滑跑路面条件应满足其性能指标要求。对于旋翼无人机，起降场地应平坦宽阔。

应急航摄作业：灾害调查与检测等应急性质的航摄作业，在保证飞行安全的前提下，起降场地要求可适当放宽。

（三）空域与无线电安全

1.划设临时飞行空域申请

《通用航空飞行管制条例》规定："从事通用航空飞行活动的单位、个人使用机场飞行空域、航路、航线，应当按照国家有关规定向飞行管制部门提出申请，经批准后方可实施。"根据飞行活动要求，需要划设临时飞行空域的，应当向有关飞行管制部门提出划设临时飞行空域的申请。

（1）申请时限与申请内容。划设临时飞行空域的申请，应当在拟使用临时飞行空域 7 个工作日前向有关飞行管制部分提出，申请内容应包括：①临时飞行空域的水平范围、高度；②飞入和飞出临时飞行空域的方法；③使用临时飞行空域的时间；④飞行活动性质；⑤其他有关事项。

（2）批准权限。划设临时飞行空域，按照下列规定的权限批准：①在机场区域内划设的，由负责该机场飞行管制的部门批准；②超出机场区域在飞行管制分区内划设的，由负责该分区飞行管制的部门批准；③超出飞行管制分区在飞行管制区内划设的，由负责该区域管制区飞行管制的部门批准；④在飞行管制区间划设的，由军方批准。

2.临时飞行空域使用

无人机在临时飞行空域运行时，应当符合下列要求：

（1）应当遵守规定的程序和安全要求；

（2）确保在所划设的临时飞行空域内飞行，并与水平边界保持 5 km 以上距离；

（3）防止无人机无意间从临时飞行空域脱离。

为了防止无人机和其他航空器活动相互穿越临时空域边界，提高无人机运行的安全性，需要采取下列安全措施：

（1）外控人员和内控人员应当持续监视无人机飞行；

（2）当发现无人机脱离临时空域时，应当向相关空管单位通报；

（3）应当与空管单位建立可靠的通信。

3. 无线电使用

（1）无人机系统活动中使用无线电频率、无线电设备应当遵守国家无线电管理法规和规定，且不得对航空无线电频率造成有害干扰。

（2）未经批准，不得利用无人机发射语音广播通信信号。

（3）使用无人机系统应当遵守国家有关部门发布的无线电管制命令。

（四）飞行检查与操控

1. 飞行前检查

每次飞行前，需仔细检测设备的状态是否正常。检查工作应按照检查内容逐项进行，对直接影响飞行安全的无人机的动力系统、电气系统、执行机构以及航路点数据等应重点检查。每项内容需两名操作员同时检查或交叉检查。

（1）设备使用记录：记录使用设备的型号和编号，用于设备使用时间的统计、故障的查找和分析。对于其他设备，可添加相应的记录（表5-1）。

表5-1　设备使用记录

名称	飞行平台	发动机	飞控	任务设备	监控站	遥控器
型号						
编号						

（2）地面监控站设备检查：检查地面监控站设备并记录检查结果，存在问题的应注明（表5-2）。

表5-2　地面监控站设备检查

检查项目	检查内容
线缆与接口	检查线缆无破损，接插件无水、霜、尘、锈，针、孔无变形、无短路
监控站主机	放置应稳固，接插件连接牢固
监控站天线	数据传输天线应完好，架设稳固，接插件连接牢固
监控站电源	正负极连接正确，记录电压数值

（3）任务设备检查：检查任务设备并记录检查结果，存在问题的需注明。此处以单反数码相机为例，其他类别任务设备的检查项目和检查内容可参照执行。表5-3未列项目应根据需要按照任务设备使用说明进行检查。

表5-3　任务设备检查

检查项目	检查内容
镜头	镜头焦距需与技术设计要求相同，镜头应洁净，记录镜头编号
对焦	设置为手动对焦，对焦点为无穷远
快门速度	根据天气条件和机体振动情况正确设置
光圈大小	根据天气正确设置
拍摄控制	应选取单张拍摄模式
感光度	根据天气正确设置
电量	检查相机电量是否充足
清空存储设备	相机装入机舱前，应清空存储设备

（4）飞行平台检查：检查无人机飞行平台并记录检查结果，存在问题的需注明。以油动固定翼无人机为例，其他结构的无人机可参照执行（表5-4）。

表5-4　无人机飞行平台检查

检查项目	检查内容
机体外观	应逐一检查机身、机翼、副翼、尾翼等有无损伤，修复过的地方应重点检查
连接机构	机翼、尾翼与机身连接件的强度、限位应正常，连接结构部分无损伤
执行机构	应逐一检查舵机、连杆、舵角、固定螺丝等有无损伤、松动和变形
螺旋桨	应无损伤，紧固螺栓须拧紧，整流罩安装牢固
发动机	零件应齐全，与机身连接应牢固，注明最近一次维护的时间
机内线路	线路应完好、无老化，各接插件连接牢固，线路布设整齐、无缠绕
机载天线	接收机、GPS、飞控等机载设备的天线安装应稳固，接插件连接牢固
飞控及飞控舱	各接插件连接牢固，线路布设整齐无缠绕，减振机构完好，飞控与机身无硬性接触
任务设备	任务设备连接牢固，线路整齐无缠绕，减振机构完好，任务设备与机身无硬性接触
油箱	无漏油现象，油箱与机体连接应稳固，记录油量
油路	油管应无破损、无挤压、无弯折，油滤干净，注明最近一次油滤清洗时间
起落架	外形应完好，与机身连接牢固，机轮旋转正常

（5）燃油和电池检查：检查燃油和机载电池（表5-5）。

表5-5　燃油、电池检查

检查项目	检查内容
燃油	确认汽油、机油的标号及混合比符合要求，汽油应无杂质
机载电源	机载电池安装之前，记录电池的编码、电量，确认电池已充满，电池与机身之间应固定连接，电源接插件连接应牢固
遥控器电源	记录电池的编号、电量，确认电池已充满

（6）设备通电检查：打开地面监控站、遥控器以及所有机载设备的电源，运行地面站监控软件，检查设计数据，向机载飞控系统发送设计数据并检查上传数据的正确性，检查地面监控站、机载设备的工作状态，检查飞控系统的设置参数（表5-6）。

表5-6　通电检查

检查项目	检查内容
监控站设备	地面监控站设备运行应正常
设计数据	检查设计数据是否正确，包括航路点数据是否符合计划航摄区域，整个飞行航线是否闭合等
数据传输系统	地面监控站至机载飞行控制系统的数据传输、指令发送正常
信号干扰情况	舵机及其他机载设备工作状态是否正常，有无被干扰现象
遥控器	记录遥控器的频率；所有发射通道设置正确；遥控通道控制正常，各舵面响应正确，遥控与自主飞行控制切换正常
飞控系统	转动飞机，观察陀螺、加速度计数据的变化；检查高度、空速、转速传感器的工作状态
数据发送与回传	将设计数据从监控站上传到机载飞控系统并回传，检查上传数据的完整性和正确性，上传目标航路点，回传显示应正确

（7）发动机启动后检查：启动发动机，检查无人机和机载设备着车后的工作状

态（表5-7）。

表5-7　发动机启动后检查

检查项目	检查内容
飞控系统	在发动机整个转速范围内，飞控各项传感器数据跳动在正常范围内
发动机响应	大、小油门及风门响应线性度正常；发动机工作状态正常，无异常抖动
发动机风门	发动机风门最大值、最小值、停车位置设置正确
转速	转速显示正确，测最大转速并记录，最大转速应与标称值相符
舵面中立	各舵面中立位置正确，否则用遥控器调整
停车控制	监控站停车控制正常；遥控器停车控制正常

（8）其他检查：对照飞机起飞检查单逐项进行检查，确保飞机各部分连接紧固无松动，飞机上电自检通过后方可起飞（表5-8）。

表5-8　飞行平台检查

检查项目	检查内容
动力装置	检查发动机有无损伤，排气管、化油器中有无泥土等污物；检查螺旋桨有无损伤，与机体连接处有无松动
机体	检查机身、机翼、副翼、尾翼等有无损伤，重点检查起落架与机身连接部位
连接机构	检查机翼、副翼、尾翼与机身连接机构有无损伤
供油系统	检查油箱是否漏油，检查油路有无损伤和漏油

2. 飞行操控

（1）起飞阶段操控。起飞阶段操控应注意事项：①固定翼无人机起飞前，根据地形、风向决定起飞方向，需迎风起飞；旋翼无人机垂直起飞。②外控人员需询问机务、内控人员能否起飞，得到肯定答复后，方能操作无人机起飞。③机务和内控人员同时记录起飞时间。④遥控飞行模式下，内控人员每隔5～10 s向外控人员通报飞行高度、速度等飞行数据。

（2）飞行模式切换。遥控模式何时切换到自主飞行模式，由内控人员向外控人员下达指令。

（3）视距内飞行操控。视距内飞行阶段操控应注意事项：①在自主飞行模式下，无人机应在视距范围内按照预先设置的检查航线飞行 2 ~ 5 min，以观察无人机及机载设备的工作状态。②外控人员需手持遥控器，密切观察无人机的工作状态，做好应急干预的准备。③内控人员需密切监视无人机是否按照预设航线和高度飞行，观察飞机姿态，传感器数据是否正常。④内控人员在判断无人机及机载设备工作正常情况下，还需得到机务、地勤等岗位人员的肯定答复后，才能引导无人机飞往航摄作业区。

（4）视距外飞行操控。视距外飞行阶段操控应注意事项：①视距外飞行阶段，内控人员需密切监视无人机各飞行状态数据，一旦出现异常，应及时发送指令进行干预。②其他岗位人员需密切监视地面设备的工作状态，如发现异常，应及时通报内控人员并采取措施。

（5）降落阶段操控。降落阶段操控应注意事项：①无人机完成预定任务返航时，内控人员需及时通知其他岗位人员，做好降落前的准备工作。②机务、地勤人员应协助判断风向、风速，并及时提醒外控人员。③自主飞行何时切换到遥控飞行，由内控人员向外控人员下达指令。④在遥控飞行模式下，内控人员根据具体情况，每隔数秒向外控人员通报飞行高度。⑤无人机降落后，内控人员应同时记录降落时间。

3. 飞行后检查

（1）飞行平台检查。对无人机飞行平台进行飞行后检查并记录，以固定翼无人机为例，其他结构的无人机可参照执行。如果无人机以非正常姿态着陆并导致无人机损伤时，应优先检查受损部位（见表5-8）。

（2）油量、电量检查。检查所剩的油量、电量，评估当时天气条件和地形地貌下油量和电量的消耗情况，为后续飞行提供参考数据（表5-9）。

表5-9　油量、电量检查

检查项目	检查内容
油量	检查剩余油量，计算每小时的油耗
电量	检查各电池剩余电量，计算每小时的电量消耗

（3）机载设备检查。检查机载设备并记录（表5-10）。

表 5-10　机载设备检查

检查项目	检查内容
机载天线	检查接收机、GPS、数传等机载设备的天线有无损伤,接插件有无松动
飞行控制设备	检查飞控有无损伤,接插件有无松动;检查减震机构位置有无变化,有无变形
任务设备	检查任务设备有无损伤,位置有无变化,接插件有无松动

（4）影像数据检查。从机载设备中导出影像数据及其位置和姿态数据,并进行检查（表 5-11）。

表 5-11　影像数据检查

检查项目	检查内容
影像数据	检查影像数据质量是否合格、数量与技术设计是否相符
位置和姿态数据	检查影像的位置和姿态数据与影像是否一一对应

（五）保障措施

1. 操作人员保障措施

（1）一般要求：参与无人机飞行作业的系统操作人员需经过专业培训,并通过有关技术部门的岗位技能考核。

（2）岗位要求：设备的检查、使用、维护按照岗位分工负责并相互配合,由具备相应资格、有实践经验、能力较强的操作人员承担。

2. 环境条件

根据掌握的环境数据资料和设备的性能指标,判断环境条件是否适合无人机的飞行,如不合适,应暂停或取消飞行。

3. 飞行现场管理

飞行现场须认真组织,规范操作,现场工作人员应注意检查安全隐患,现场管理主要包括：

（1）指定 1 名负责人,负责飞行现场的统一协调和指挥。

（2）设备集中整齐摆放,设备周围 30 m × 30 m 范围设置明显警戒标志,飞行前的检查和调试工作在警戒范围内进行,非工作人员不允许进入。

（3）发动机在地面着车时，人员不能站立在发动机 5 m 以内。

（4）现场噪声过大或操作人员之间相距较远时，应采用对讲机、手势方式联络，应答要及时，用语或手势要简练规范。

（5）对于固定翼无人机，滑行起飞和降落时，与起降方向相交叉的路口须有专人把守，禁止车辆、人员通过，应确保起降场地上没有非工作人员。

4. 应急预案的编制

无人机进行任务作业前，应针对可能出现的事故和风险制订应急预案。

（1）设备发生故障需快速查明故障原因，并报给飞行指挥，由飞行指挥做出最后决断。

（2）在遇到诸如风向变化、风力加大、降雨和大雾等不可抗拒的自然气象条件变化时，暂停任务飞行，等待气象条件转好后方可继续，如短时无明显变化，则由飞行指挥做最后决断。

（3）在任务飞行场地条件发生变化，出现不利于飞行的干扰因素时先暂停任务，排除干扰因素后方可继续。

（4）空中出现意外情况时，在不明原因的情况下，首先要保持飞机的安全飞行状态，然后着陆回收。

（5）起飞或着陆发生损坏时，首先要切断电源，保持现场，待技术人员赶到后做现场分析，摄影拍照，然后方可转移飞机。

（6）飞机若飞丢，如果处于遥控状态要马上切换到自动驾驶状态；如果处于自动驾驶状态时要马上记录飞机最后的 GPS 地理位置；如果处于附近范围，则组织人力带好相关设备工具按飞行预定航线寻找，着重在最后记录点方圆 2 km 范围之内。

（7）如果坠毁在陆地，到达坠毁地点首先要排除安全隐患（切断电路），然后保持原貌，等待相关技术人员做现场分析并记录，拍照摄像，之后拆除贵重设备和未损伤器件，最后清理残骸。

（8）若损坏建筑物，首先要排除安全隐患（切断电路），保持原貌，等待配合警务人员做相关处理，然后由己方相关技术人员做现场分析并记录，拍照摄像，在拆除贵重设备和未损伤器件后清理残骸。

（9）若伤到人，第一时间抢救伤员，同时排除安全隐患（切断电路），保持原貌，等待配合警务人员做相关处理。

（六）设备使用与维护

1. 设备使用中应注意事项

（1）设备应轻拿轻放，避免损坏无人机的舵面、舵机连杆、尾翼等易损部件。

（2）拆装时，应使用专用工具，避免过分用力造成设备和系统部件的损坏。

（3）通电前，先将接插件、线路正确连接，禁止通电状态下插拔接插件。

（4）接插件应防止进水、进尘土，小心插拔，勿将插针弯折。

（5）室内外温度、湿度相差较大时，电子、光学设备应在工作环境下放置 10 min 以上，待设备内外温度基本一致、无水雾、无霜情况下，再通电使用。

（6）选用洁净、高质量的汽油和机油。

2. 设备定期保养应注意事项

（1）按照设备生产厂商提供的《设备使用说明》或《用户手册》做定期保养。

（2）在设备生产厂商有关规定不全面时，可根据当地的地理、气候特点以及设备的使用情况，由设备操作人员制订定期保养计划并严格执行。

3. 设备装箱时应注意事项

（1）无人机装箱前，须将油箱内的油抽空。

（2）装有汽油的油桶、油箱不能放入密封的箱子内，并远离火源，避开高温环境。

（3）设备、部件应擦拭干净，设备如果受潮，应晾干后再装箱。

（4）运输包装箱内应有减振、隔离措施，设备和部件应使用扎带或填充物固定在箱内，以防止振动和相互碰撞。

4. 设备运输中应注意事项

（1）易损设备或系统部件，应装入专用的运输包装箱内。

（2）运输中，设备应固定在车内，并采取减振、防冲击、防水、防尘措施。

（3）运输包装箱顶面应贴"小心轻放""防潮"和"防晒"等标签，箱体侧面应贴上箭头朝上的标志。

（4）设备运输过程中严格按照运输箱上的包装标识执行。

5. 设备储放应注意事项

（1）设备储放中应注意防潮、防雨、防尘和防日晒。

（2）易受温度影响的设备，根据其性能指标，采取防高温和防低温措施。

（3）数码相机、电池、电脑等易受潮湿影响的设备，其包装箱内放置防潮剂。

（4）设备长期不使用，应定期（最长不超过1个月）通电、驱潮、维护、保养，并检测设备工作是否正常。

第二节　飞行作业前的测量准备

对于以获取正射影像为目的的作业任务，为确保后期内业遥感成像的精度，需在飞行作业前完成控制点的布设和测量。

一、控制点测量

（一）基础控制点测量

基础控制点的测量应按照《1∶500，1∶1 000，1∶2 000地形图航空摄影测量外业规范》（GB/T 7931—2008）的要求执行。

（二）像片控制点测量

1.测量要求

像片控制点的测量方法和要求应按照相关标准的要求执行。

2.刺点与整饰

（1）编号要求。①控制像片的编号按CH/Z 3005—2010的相关要求执行；②基础控制点使用原有编号，像片控制点应统一编号，同一测区内不得重号，由技术设计书作出具体规定。

平高点前冠字母"P"+区域代码+点号。若为高程点，则将P改为G；若为备用点则在点号最后加B。如：P-05-016各符号代表的意义如下：P为平高点，05为任务区域代码，016为点号。利用补飞的数据时，将"P"改为"PB"或"GB"。

（2）刺点与整饰。像片上标注点位，并进行点位的局部放大，并简要说明点位位置，将以上信息整理成点之记文件供内业空三加密刺点使用，相关要求按GB/T 7931—2008执行。

二、设备状态检查

作业使用的各种仪器、器材应进行检查校正，并在检校合格的有效期内。

（一）RTK 检查

为保证控制点测量的精度，除每次作业前检查载波相位差分技术（RTK）设备的齐套性和完好性，还应对其定期检定。

1. 检定项目

检定项目和检定器具如表 5-12 所示。

表 5-12　RTK 检定项目和检定器具

检定项目	主要检定器具	检定类别	
		定期检定	使用中
接收机外观及系统检视	−	+	+
接收机通电检视	−	+	+
RTK 测量精度	GNSS 接收机检定场	+	+
RTK 测量重复性精度	GNSS 接收机检定场	+	+
RTK 初始化时间	GNSS 接收机检定场	−	−
RTK 初始化最大距离	−	−	−
RTK 测量附件	检验台	+	+
手簿控制器软件功能	−	−	−
数传电台功能	−	−	−

注：检定类别中"+"为必检项目；"−"为可选项目。

2. 检定条件

检定条件参考《全球导航卫星系统（GNSS）测量型接收机检定规程》（CH/T 8018—2009）确定。

3. 计量性能要求

（1）外观检视及检查。①接收机、天线、数据链设备及手簿均应保持外观良好，允许有不影响计量性能的外观缺陷；检定对象应无碰伤、划痕、脱漆和腐蚀；部件结合处不应有缝隙，密封性应良好，紧固部分不应有松动现象。②接收机主机、天线、数据链及手簿控制器应标有仪器型号及序列号，天线类型应与主机相匹配。③数据链类型与接口应与接收机匹配，参考站与流动站数据链设备应匹配。④手簿控制器接口应与接收机接口匹配。⑤各种配件应齐全。

（2）接收机及附件的通电检查。①接收机自检功能应正常。②各部分（包括主机、数据链和手簿控制器等）电源指示灯指示应正常。③接收机接收卫星状态应正常。④参考站数据链发射状态与流动站数据链接收状态及指示应正常。⑤手簿控制器自检及相关软件应启动正常，并应能正确显示接收机及数据链状态；手簿控制器软件应能根据要求设置参考站与流动站的各项参数。其中参考站参数包括参考站坐标、数据链类型、数据传输间隔、发射频率、天线高度、卫星的控制、输出数据格式类型等；流动站参数包括数据链类型、接收频率或通道、观测质量控制、测量项目的管理、RTK数据采集、存储和传输、点位放样功能。⑥数传电台应满足《无线数据传输收发信机通用规范》（GB/T 16611—2017）的要求。此外，还应能满足传输频率符合国家无线电管理委员会的要求；应有多个数据传输频点且频点应可调，调制参数应与接收机相应接口的通信参数一致，波特率不应低于9 600 bit/s，数据传输延迟时间应小于1 s，具备电源反接保护等功能。

（3）计量性能。计量性能要求见表5-13。

表5-13　计量性能

序号	检定项目	计量性能要求
1	RTK测量精度	$\leqslant \sigma$
2	RTK测量重复性精度	$\leqslant \sigma$
3	RTK初始化时间	$\leqslant 3 \ min$
4	RTK初始化最大距离	满足标称指标
5	RTK测量附件	光学对中器1.5 m高处对点误差应小于1 mm 流动杆气泡在1 m处对点误差应小于1.5 mm

注：σ为仪器标称精度（mm），$\sigma = \sqrt{[a^2+(bd)^2]}$。式中，$a$为仪器标称固定误差（mm）；$b$为仪器标称比例误差（mm/km）；$d$为基线长度（km）。

4.检定方法

（1）RTK测量精度。架设好参考站并设置参考站各项参数（包括参考站坐标、天线高、参考站电台频率、数据传输通道等），启动参考站使其正常工作，连接并设置流动站，进行初始化。待初始化成功后，依次将流动站置于检定场内其他各点进行RTK测量数据采集，在每个点上要输入正确的天线高，每个点上记录不小于20个测量结果，最少在 4 个点上进行数据采集。

RTK 测量精度 m_s 可以用公式（5-1）计算：

$$
\left\{
\begin{array}{l}
D_i = \sqrt{\left[(X_0 - X_i)^2 + (Y_0 - Y_i)^2 + (Z_0 - Z_i)^2\right]} \\[3mm]
m_s = \sqrt{\left(\sum\limits_{i=1}^{n} (D_0 - D_i)^2\right)\Big/ n} \\[3mm]
m_r = \sqrt{\left(\sum\limits_{i=1}^{n} (\overline{D} - D_i)^2\right)\Big/ (n-1)}
\end{array}
\right.
\qquad (5-1)
$$

式中：X_0，Y_0，Z_0 为参考站坐标（m）；X_i，Y_i，Z_i 为流动站实测坐标（m）；n 为 RTK 观测记录的坐标数；m_r 为 RTK 测量重复性精度（m）；m_s 为 RTK 测量精度（m）；D_i 为流动站实测的到参考站的距离（m）；D_0 为观测点的参考站的已知距离（m）；$\overline{D}$ 为 n 个 D_i 的平均值。

RTK 测量精度的检定记录和计算参考 CH/T 8018—2009 附录 A。

（2）RTK 测量重复性精度。按照（1）所列的检定方法进行 RTK 检测数据采集，按公式（5-1）计算 RTK 测量重复性精度 m_r。

RTK 测量重复性精度的检定记录和计算参考 CH/T 8018—2009 附录 A。

（3）RTK 测量附件。

①光学对中器。将光学对中器安置在该检测台上，沿对中器视准轴分别在 0.8 ~ 1.5 m 处设置标志板，并使标志中心与对中器视准轴重合；然后，旋转检验台 180°，观测对中器视准轴的偏离量，重复 3 次取均值，以其偏离量的 1/2 作为检定结果。对于能够旋转的光学对中器，旋转光学对中器，也按上述方法检定。在对设置在基座上不能旋转的光学对中器，可利用光学对中器检验台进行检定。

②流动杆。在地面上设置标志板，将流动杆垂直树立在标志板中心位置，保持流动杆上气泡位置居中，在距离流动杆 10 m 处架设光学经纬仪（或全站仪），利用经纬仪竖丝照准流动杆气泡所在水平位置的中心，然后沿数值方向转动经纬仪望远镜，直到观测到流动杆底部，观察并量取此时望远镜照准位置与标志板中心的距离；将流动杆在水平方向旋转 90°，重复上述步骤检定。

5. 检定周期

检定周期一般不超过一年。

（二）GNSS 接收机检查

为保证控制点测量的精度，除每次作业前检查 GNSS 接收机的齐套性和完好性，还应对 GNSS 接收机定期检定。

1. 检定项目

对于不同的类别，检定的项目有所不同，a 类接收机和 b 类接收机应检定项目如表 5-14 所示。

表 5-14　GNSS 接收机检定

检定项目	检定类别	
	a	b
接收机系统检视	+	+
接收机通电检验	+	+
内部噪声水平测试	+	+
接收机天线相位中心稳定性测试	+	−
接收机野外作业性能及不同测程精度指标的测试	+	−
接收机频标稳定性检验和数据质量的评价	+	+
接收机高低温性能测试	+	−
接收机附件检验	+	+
数据后处理软件验收和测试	+	−
接收机综合性能的评价	+	−

注：　"+"代表必检项目；"−"代表可检可不检项目。

2. 检验内容

（1）接收机检视项目：①接收机及外观是否良好，型号是否正确，主机与配件是否齐全；②需固紧的部件是否有松动和脱落。

（2）接收机通电检验：①电源信号灯工作是否正常；②按键和显示系统工作是否正常；③利用自测试命令检测仪器工作是否正常；④检验接收机锁定卫星时间的快慢，接收信号的信噪比及信号失锁情况。

（3）接收机实测检验项目：①接收机内部噪声水平测试；②接收机天线相位中心稳定性测试；③接收机野外作业性能及不同测程精度指标的测试；④接收机频标稳

定性检验和数据质量的评价；⑤接收机高低温性能测试。

（4）接收机附件检验项目：①电池电容量的检验；②电缆型号及接头是否配套和完好；③充电机功能是否完好；④天线与基座连接件是否完好及配套；⑤基座光学对中器的检验；⑥天线或基座圆水准器的检验；⑦天线高量尺是否完好及尺长精度。

（5）数据转录设备及软件：接收机数据传输接口配件及软件是否齐全，数据传输性是否完好。

（6）数据后处理软件验收和测试：①基线处理软件及软件说明书，网平差软件及软件说明书，加密卡及功能；②数据后处理软件所需要的支撑操作系统；③软件功能测试和评价；④预报和观测计划软件测试；⑤静态定位软件测试；⑥网平差软件测试。

（7）接收机综合性能的评价：①接收机快速响应特性，即捕获卫星信号、锁定卫星、开始记录数据的速度；②仪器操作方便性和灵活性；③接收机体积、重量和功耗；④接收机观测数据噪声水平；⑤接收机测量成果的精度和可靠性以及数据剔除率；⑥天线相位中心稳定性；⑦接收机后处理软件的功能和精度。

3. 检验的方法和技术要求

接收机检验的方法和技术要求按《全球定位系统（GPS）测量型接收机检定规程》（CH/T 8106—1995）执行。

4. 检定周期

检定周期一般不超过一年。

三、飞行计划申请

依据《通用航空飞行管制条例》，作业单位实施飞行前应当向当地飞行管制部门提出飞行计划申请，按照批准权限，经批准后方可实施。

1. 申请内容

飞行计划申请应包括飞行单位、飞行任务性质等。

（1）机长（飞行员）姓名、代号（呼号）和空勤组人数。

（2）航空器型别和架数。

（3）通信联络方法和二次雷达应答机代码。

（4）起飞、降落机场和备降场。

（5）预计飞行开始、结束时间。

（6）飞行气象条件。

（7）航线、飞行高度和飞行范围。

（8）其他特殊保障需求。

2. 申请时限

飞行计划申请应当在拟飞行前一天 15:00 前提出；执行抢险救灾或者其他紧急任务的，可以提出临时飞行计划申请。临时飞行计划申请最迟应当在拟飞行 1 h 前提出。

在划设的临时飞行空域内实施无人机监测作业的，可以在申请划设临时飞行空域时一并提出 15 d 以内的短期飞行计划申请，不再逐日申请；但是每日飞行开始前和结束后，应当及时报告飞行管制部门。

3. 具体申报流程

一般为电话或传真的形式：

（1）如不在机场管制范围内可直接向申请空域所属地的空管分局管制运行部区域管制室提交申请。

（2）涉及机场管制区域的，应向相应机场提交申报飞行计划。

（3）区域管制室向上级部队司令部航空管制中心提交飞行申请，上级部队司令部航管中心给予调配意见。

当日飞行任务完成后需向飞行管制部门报告结束。

第三节　飞行质量与数据质量要求

一、飞行质量

（一）像片重叠度

像片重叠度应满足以下要求：

（1）航向重叠度一般应为 60% ~ 80%，最小不应小于 53%。

（2）旁向重叠度一般应为 15% ~ 60%，最小不应小于 8%。

（二）像片倾角

像片倾角一般不大于 5°，最大不超过 12°，出现超过 8° 的片数不多于总数的 10%。特别困难地区一般不大于 8°，最大不超过 15°，出现超过 10° 的片数不多于总数的 10%。

（三）像片旋角

1. 像片旋角应满足以下要求

（1）像片旋角一般不大于15°，在确保像片航向和旁向重叠度满足要求的前提下，个别最大旋角不超过30°，在同一条航线上旋角超过20°的像片数不应超过3片，超过15°旋角的像片数不得超过分区像片总数的10%。

（2）像片倾角和像片旋角不应同时达到最大值。

2. 摄区边界覆盖保证

航向覆盖超出摄区边界线应不少于两条基线，旁向覆盖超出摄区边界线一般应不少于像幅的50%；在便于施测像片控制点及不影响内业正常加密时，旁向覆盖超出摄区边界线应不少于像幅的30%。

3. 航高保持

同一航线上相邻像片的航高差不应大于30 m，最大航高与最小航高之差不应大于50 m，实际航高与设计航高之差不应大于50 m。

4. 漏洞补摄

航摄中出现的相对漏洞和绝对漏洞均应及时补摄，应采用前一次航摄飞行的数码相机补摄，补摄航线的两端应超出漏洞之外两条基线。

5. 飞行记录资料的填写

每次飞行结束，应填写航摄飞行记录表（见《航摄飞行记录表》）。

航摄飞行记录表

机组：　　　　　　　　日期：　　　　　　　　从　时　分到　时　分

摄区	摄区名称		摄区代号		航摄分区		地面分辨率	
	绝对航高		摄影方向		航线条数		地形地貌	
飞机	飞机型号		飞机编号		导航仪			
航摄仪	航摄仪型号		航摄仪编号		镜头号码		焦距	
影像	盘号				摄影时间			
	摄影前试片				摄影后试片			
天气	天气状况		水平能见度		垂直能见度			
机组	操控手		地面站人员		摄影测量员		机械师	

航线飞行示意图

备注：

填表人：　　　　　　送片人：　　　　　　接片人：

二、数据质量

（一）数据质量要求

获得的影像质量应满足以下要求：

（1）影像应清晰，层次丰富，反差适中，色调柔和；应能辨认出与地面分辨率相适应的细小地物影像，能够建立清晰的立体模型。

（2）影像上不应有云、云影、烟、大面积反光和污点等缺陷。虽然存在少量缺陷，但不影响立体模型的连接和测绘，可以用于测制线画图。

（3）确保因飞机地速的影响，在曝光瞬间造成的像点位移一般不应大于1个像素，最大不应大于1.5个像素。

（4）拼接影像应无明显模糊、重影和错位现象。

（二）检查项目和方法

1. 像片重叠度

像片重叠度检查应采用以下方法：

（1）优先采用相关软件对数字像片进行检查；

（2）必要时可输出相纸，按照《1∶500、1∶1 000、1∶2 000地形图航空摄影规范》（GB/T 6962—2005）的相关规定执行。

2. 像片倾角

像片倾角检查应采用以下方法：

（1）有倾角记录装置的情况下，通过记录的姿态角元素检查，取像片的横滚角和俯仰角中的较大者作为对应像片的像片倾角；

（2）无倾角记录装置的情况下，可不检查像片倾角。

3. 航高保持

航高检查应采用以下方法：

（1）有定点曝光记录装置时，利用其记录的曝光点坐标通过相应软件检查；

（2）无定点曝光记录装置时，按照GB/T 6962—2005的相关规定执行。

4. 摄区、分区、图廓覆盖保证

摄区、分区、图廓覆盖检查应采用以下方法：

（1）优先采用相关软件对数字像片进行检查；

（2）必要时可输出相纸，按照 GB/T 6962—2005 的相关规定执行。

5. 漏洞

相对和绝对漏洞检查应采用以下方法：

（1）按 GB/T 6962—2005 相关规定的方法检查航摄相对漏洞；

（2）按 GB/T 6962—2005 相关规定的方法检查航摄绝对漏洞。

6. 影像质量

影像质量检查应采用以下方法。

（1）通过目测视察，检查影像的清晰度，层次的丰富性，色彩反差和色调柔和情况，影像有无缺陷，拼接影像拼接带有无明显模糊、重影和错位；

（2）像点位移根据飞机飞行速度、曝光时间和影像地面分辨率进行计算，最大像点位移以航摄分区最高点处对应的参数计算获得。

第四节　作业数据管理

一、数据管理要求

经审批获得的数据成果，被许可使用人必须根据具体数据成果的类型按国家有关的法律法规及方案设计书中的要求使用，并采取有效的保密措施，严防数据泄露。

所领取的数据成果为基础测绘成果时，仅限于在被许可使用人本单位的范围内，按批准的使用目的、使用日期使用，不得扩展到所属系统和上级、下级或者同级其他单位。

如数据成果为涉密成果或领取项目数据为涉密数据，那么只能用于被批准使用的目的和范围。使用目的或项目完成后，申请人要按照有关规定在六个月内销毁申请使用用的涉密成果，由专人核对并报成果提供单位备案，任何人不得擅自复制，转让或转借涉密成果。

二、成果整理

（一）数字航片整理

1. 预处理

数字航片预处理内容和要求如下。

（1）对外场飞行获取的数据进行非航线数据删除、销售终端（POS）与像片匹配、像控点与像片匹配等预整理工作。

（2）格式转换。为归档资料或后续处理的需要，将不同低空航摄系统获取的专用影像数据格式转换为通用格式，转换过程应采用无损方法。

（3）旋转影像。所有低空数字航片应保持与相机参数的一致性，不做旋转指北处理，通过表明飞行方向、起止像片编号的航线示意图，以及航摄相机在飞行器上安装方向示意图，建立对应关系。

（4）畸变差改正。可采用专用软件对原始数字航片数据进行畸变差改正，输出无畸变影像和与之相应的相机参数。

（5）增强处理。在不影响成果质量和后续处理的前提下，对阴天有雾等原因引起的影像质量较差的数字航片，可适度增强处理。

2. 航片编号

航片编号方法如下。

（1）航片编号由 12 位数字构成，采用以航线为单位的流水编号。航片编号自左至右 1 ~ 4 位为摄区代号，5 ~ 6 位为分区号，7 ~ 9 位为航线号，10 ~ 12 位为航片流水号，其中没有摄区代号的可自行定义摄区代号。

（2）一般以飞行方向为编号的增长方向。

（3）同一航线内的航片编号不允许重复。

（4）当有补飞航线时，补飞航线的航片流水号在原流水号基础上加 500。

3. 航片存储

按照航线建立目录分别存储，一般应采用光盘或硬盘存储，存放于纸质或塑料光盘盒、硬盘盒内。

（1）数据质量检查完成后，应当及时对航摄数据进行存储、存档，在"航摄数据"文件夹下新建文件夹命名规范为"×（月）× 日 - ×× 无人机 - 第 × 架次"，例如"0502-ZW-3B 固定翼无人机 - 第 3 架次"。

（2）文件夹新建完成后，将航摄原始像片存放于对应的文件夹下。

（3）POS 数据检查无误后，存放于"航摄数据"文件夹，并修改文件名称为"×（月）× 日 - ×× 无人机 - 第 × 架次"，例如"0502-ZW-3B 固定翼无人机 - 第 3 架次"。

（4）经检查后，存在问题的数据需在文件夹后备注，文件夹命名为"×（月）× 日 - ×× 无人机 - 第 × 架次（说明）"，例如"0502-ZW-3B 固定翼无人机－第 3 架次（重叠度低）""0502-ZW-3B 固定翼无人机－第 3 架次（像片不清楚）""0502-ZW-3B 固定翼无人机－第 3 架次（有云遮挡）"等，并附详细说明文件（见第 6 条）。

（5）对补飞的数据，文件夹后需备注，文件夹命名为"×（月）× 日－×× 无人机－第 × 架次（补）"，例如"0502-ZW-3B 固定翼无人机－第 3 架次（补）"，并附详细说明文件（见第 6 条）。

（6）需要特殊说明时，在对应的文件夹下新建"说明 .TXT"文本文档，描述说明内容。

此外，还需将飞行航线、飞行记录数据存放于对应的文件夹下。

4. 外包装

硬盘或光盘和其包装盒标签的注记内容应包括以下内容。

（1）总体信息部分包括：摄区名称、相机型号及其编号、相机主距、航摄时间、飞行器型号、航线数和航片数、摄区面积、地面分辨率、航摄单位。

（2）本盘装载内容部分包括：盘号、影像类型、航线号、起止片号、备注。

（二）文档资料整理

1. 纸质文档资料的整理

纸质文档资料应按以下要求整理。

（1）所有文档应单独装订成册，存放在 A4 幅面的档案盒内。

（2）每份案卷中应包含卷内资料清单。

2. 电子文档资料的整理

电子文档资料应按以下要求整理。

（1）电子文档的名称和内容应与纸质文档一致，无电子格式的纸质文档应扫描成电子文档。

（2）电子文档的存储介质为光盘，光盘存放于方形硬质塑料盒内，盒外注明摄区名称、摄区代码和资料名称。

三、像片控制点布设

（一）选点条件

选点的目标条件应满足以下要求。

（1）像片控制点的目标影像应清晰，易于判断和立体量测；弧形地物及阴影等不应选作点位目标。

（2）高程控制点位目标应选在高程起伏较小的地方，以线状地物的交点为宜。

（3）当目标条件与像片条件矛盾时，应着重考虑目标条件。

（二）区域网布点

基本要求：区域网的划分应依据成图比例尺、地面分辨率、测区地形特点、摄区的实际划分、图幅分布等情况全面进行考虑，根据具体情况选择最优实施方案，区域网的图形宜呈矩形或方形；区域网的大小和像控点之间的跨度以能够满足空中三角测量精度要求为原则，主要依据成图精度、航摄资料的有关参数及对系统误差的处理等多因素确定。

区域网布点方案：对于两条和两条以上的平行航线采用区域网布点时，要求如下。

（1）航向相邻平面控制点间隔基线数通过采用的相机、地面分辨率等参数确定。

（2）旁向相邻平面控制点的航线跨度应遵循如下规定：比例尺 1∶500，航线数 4～5；比例尺 1∶1 000，航线数 4～5；比例尺 1∶2 000，航线数 5～6。

（3）航向相邻高程控制点间隔基线数采用相机参数按照不同比例尺、分影像短边平行航向和垂直航向两种摄影方式进行计算。

（4）制作数字线划图、数字高程模型和数字正射影像图成果时，高程控制点宜按航线逐条布设，且航线两端应布点；制作数字线划图和数字正射影像图成果时，高程控制点间的航线跨度可适当放宽。GPS 辅助航摄、IMU/GPS 辅助航摄区域网布点：平面控制点采用角点布设法，即在区域网凸角转折处和凹角转折处布设平面点，区域网的航线数和基线数可相对适当放宽，可根据需要加布高程控制点，区域网中应至少布设 1 个平面检查点。

（三）特殊情况的布点

当遇到像主点、标准点落水，航摄漏洞等特殊情况，不能按正常情况布设像控点时，视具体情况以满足空中三角测量和立体测图要求为原则布设控制点，具体方法宜按照《1∶500，1∶1 000，1∶2 000 地形图航空摄影测量外业规范》（GB/T 7931—2008）的要求进行执行。

四、数据存储

1.数据资料类型

（1）数字航摄原始数据。

（2）数字航摄仪检校参数。

（3）航空摄影飞行记录。

（4）数据处理成果［如数字正射影像图（DOM）等］。

（5）外业测量相关资料。

2. 数据整理入库

数据一旦入库，禁止私自修改存储服务器端原始数据；必要时可设定管理员管理无人机航摄数据。

具体存储形式可根据项目相关规定进行组织。

五、数据上传

数据资料在外场存储一般选择硬盘，并由现场负责人检查好数据后进行数据保管并进行与"海域无人机监控与管理系统"的数据交接。

交接项包括：像片数量，POS 数量（如有移动站、基准站）、外业控制点等数据。

现场作业人员完成任务后，利用平板电脑进行设备和任务的现场总结，返回基地，利用可插拔式硬盘或 U 盘将数据上传至"海域无人机监控与管理平台"。

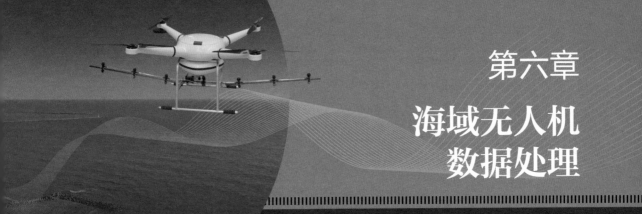

第六章
海域无人机数据处理

为满足海域动态监管工作对高质量数据服务的业务需求，充分发挥无人机数据分辨高、获取快速的优势，需对无人机获取的原始影像进行必要的数据处理工作。本章主要针对近岸海域无人机影像数据的特点，提出海域无人机正射影像数据产品的处理流程和方法，介绍数据处理流程和要求、像空点联测及空三加密、数字高程矩阵（DEM）及数字正射影像图（DOM）制作和成果提交相关内容。经过数据处理的海域无人机影像成果将广泛应用于海域开发利用监测、海岛监测、海洋灾害监测等工作中。

一、数据处理流程及要求

（一）数据处理流程

无人机遥感 DOM 处理流程主要是指在获取作业区无人机影像、收集测区控制点、按加密要求布设野外像控点的基础上，通过相关专业软件进行空三加密并完成 DOM 生产的过程。主要包括以下几个步骤（图 6-1）。

（1）影像数据的获取与收集：无人机影像、像控点等。

（2）空三加密：通过 POS 参数，结合地面控制点，利用空三模块完成。

（3）DEM 提取与编辑：在空三加密成果基础上，设定 DEM 的格网间距，提取 DEM，并对 DEM 进行编辑、检查。

（4）DOM 生成：利用正射模块，根据 DEM 成果，批量生产 DOM。

（5）影像镶嵌及图幅裁切：完成不同区块 DOM 的镶嵌，编辑镶嵌线，整体匀光匀色处理，最后根据需要进行分幅裁切。

（6）质量检查：对正射影像质量及精度进行检查。

（7）成果整理与上交。

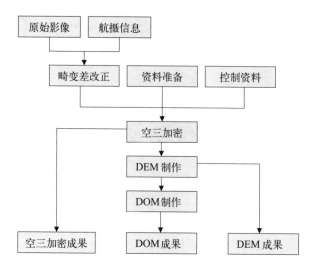

图 6-1　无人机航空影像处理流程

（二）数据要求

对于无人机数据的处理需提供部分必要文件，其中包括原始影像数据、相机检校文件、控制资料、航线结合表（航线索引图，包括飞行信息）等。原始数据格式可以为 JPG、BMP、TIF 等。

相机检校文件包括：相机像主点坐标、相机焦距、像元大小、径向畸变差系数（K_1、K_2）、切向畸变差系数（P_1、P_2）、CCD 非正方形比例系数 α、CCD 非正交性的畸变系数 β、像方坐标系等（其单位为像素或 mm）。

控制资料包括：测区控制点、控制点坐标文件（包括平面坐标与高程坐标）或 DOM、DEM 等。航线结合表包括：航线索引图、飞行方向及飞行架次等。

二、像控点联测及空三加密

（一）像控点联测

像控点联测包括像控点和检查点，布点方式为区域网布点，隔行带、隔 8 ~ 10 条基线布设平高点。像控点和检查点采用 GPS-RTK 或者连接连续运行卫星定位系统（CORS）参考站进行测量，每个点位测量 3 次取平均值，观测时严格按照规范进行作业，获得 CGCS 2000 经纬度坐标、大地高程等。

（二）同名点生成

首先剔除作业区外的影像，为提高空三加密质量，挑选成像质量较好的照片，在此基础上，按照软件要求格式整理 POS 数据，确保 POS 数据与照片建立一一对应关系。

创建测区工程文件，设置测区参数，包括相机参数、控制点信息、存放文件名称和目录、比例尺等。

根据初始的 POS 数据进行航片排版，并自动匹配连接点生成同名点，根据加密区的大小及地形相关情况，可选取适当的同名点匹配策略，在点位分布不均匀或者自动匹配效果不佳的影像上适当添加人工控制点。

（三）空三加密

根据生成的大量同名点及初始的内外方位信息，进行空三计算，空三结果可通过 RMSE 来体现。通过观察每个点的 RMSE，提出误差较大的同名点，重新进行空三计算，直到满足要求。最后更新内外方位信息，得到网平差结果。引入控制点文件进行约束平差，控制点量测采用人工观测，基本定向点满足《1：500 1：1 000 1：2 000 地形图航空摄影测量内业规范》（GB/T 7930—2008）。

三、DEM 及正射影像 DOM 制作

（一）DEM 生产制作

采集测区中必要的特征点、线，构建三角网并内插生成规则格网的 DEM，利用软件自动进行多模型、多重叠 DEM 匹配、采集，保证像方 DEM 点更准确地切准地面。生成的物方 DEM 必须严格按照软件自检的精度报告要求检查。确保测区上 DEM 的点位全部切准地面。

DEM 格网间距一般不小于 10 倍地面分辨率，可根据不同的需要采用不同的采样间隔。对生成的单模型 DSM 模块进行拼接，通过一定的裁切、滤波操作获得整个测区的 DEM 数据。

（二）DOM 生产制作

DOM 实现的原理是通过生成的测区地表 DEM 模型，对影像进行正射投影。以测区为单位创建像对正射影像，分辨率根据要求输出。为了保证影像的完整和质量，需生成整测区像片的正射影像。选出参照影像对整个测区所有影像进行匀光和匀色，使整个测区颜色均匀且色调一致。

（三）DOM 拼接和分幅

调用整个测区影像和 DEM 数据自动生成正射影像；对自动生成的测区拼接线进

行人工编辑以调整拼接线走向，保证建筑物等具有明显标志实体的完整性。

按照业务需求对整个测区正射影像进行分块裁切输出。可按千米格网或自定义分幅，文件命名与 DEM 一致后加 DOM，对于海域无人机遥感影像水域部分按正常分幅，用海面填充。

四、成果提交

（一）质量控制

1. 质量控制措施

整项工作实行两级检查制度，作业员必须 100% 自查、互查，确认无误后方可上交，并认真填写检查记录。单位在交付用户之前，对各项成果进行 30% 的抽样检查，并填写检查记录。

作业前，必须严格检验用于测量的仪器设备，各工序在作业前必须对作业员进行培训，每个作业员都能对其所完成的工作思路清楚，要求明确，并在作业过程中进行及时指导及质量的跟踪检查。

2. 各工序检查事项

（1）外业像控点：主要检查像控点网形布设是否合理，像控点刺点是否合理以及像控点精度是否符合规范及设计要求等。

（2）空三加密：相机文件输入是否正确，外业控制点坐标输入是否正确，外业控制点上点位置是否切准，平差后外业控制点残差及多余控制点残差是否满足规范及设计要求。

（3）DOM 检查：DOM 的覆盖范围是否正确完整，图幅尺寸、像素是否正确，影像图内地物是否变形或者错位，影像图接边精度是否符合限差要求，相邻图幅影像色调是否一致等。

3. 数据成果检查

（1）坐标系统、分辨率等数学基础是否正确。

（2）位置精度检查：采用外业解析点检查和内业采集特征点坐标检查相结合的方法进行，解析点检查主要用于加密精度的检查，采集的特征点主要用于检查 DOM 的精度。

（3）数据接边：精度应满足设计要求，相邻图幅之间不存在明显色调差异。

（4）影像质量检查：成果应保证影像清晰、色调均衡，无明显拼接痕迹，镶嵌时要保证建筑物等实体的影像完整。

（5）检查文件命名、数据格式、数据组织的正确性。

（二）需要注意的问题

无人机遥感影像与普通影像处理存在一定的差异，近岸海域无人机影像由于存在大量的落水范围而存在较多技术难题，因此，在海域无人机遥感数据处理中要注意四个方面的问题。

（1）针对海域纹理稀少、测区落水航片较多、影像自动匹配困难的问题，可以小块海域滩涂为单元，细致划分加密分区，通过密集匹配，增加模型连接性，保证各分区成果在海水中接边。

（2）针对因海水潮汐变化造成相邻航线影像地物存在纹理不一致现象、无法寻找同名点的问题，可优先选择具有养殖设施的不同时相影像，尽量保留纹理丰富的养殖箱信息。

（3）针对由于飞行、聚焦等原因造成部分影像模糊而对后续的影像连接点匹配造成影响，可选择去除影像质量不好的数据。

（4）无人机数据如包括部分航线拐角数据，该数据对应的惯导数据信息不够准确，因此在实际作业中，可将拐角数据去除，保证整个测区空三计算的精度。

将无人机数据中 POS 信息突变的曝光点影像去除，以保证最终处理的定位精度和连接点匹配的精度。

（三）成果提交

无人机遥感影像数据处理完成后，应对工作产生的各类数据成果进行整理提交，主要包括原始资料、中间成果及提交成果。

（1）原始资料类：主要包括数码像片、相机参数、POS 数据及其他资料。

（2）中间成果类：主要包括像控点、内业加密成果等。

（3）提交成果类：主要包括内业处理工作报告、成果接图表、DOM 数据、DEM 数据以及影像缩略图或挂图等。

第七章
业务化应用示范

为推进海域无人机遥感监测技术业务化应用，探索无人机系统在海域监测中的各种应用模式，完善海域无人机数据传输、管理和存储标准规范问题，研究团队开展了业务化应用示范工作，为无人机系统海域应用提供真实、有效的业务化运行参考依据。基于GIS的可视化无人机监控与管理平台、海域无人机网络化测控与数据实时传输技术、无人机海洋适应性、海域无人机现场作业以及海域无人机数据处理等取得的研究成果，研究团队在辽宁、天津、山东、江苏和海南等地开展了海域无人机遥感监测平台业务化应用示范。本章主要从示范验证系统建设和成果应用两个方面进行介绍。

第一节　示范验证系统建设

示范验证系统主要包括网络测控管理中心、数据处理中心、数据传输网、无人机基地以及海域无人机遥感监视监测移动平台等，验证核心为海域监测无人机系统。海域监测无人机系统以IP节点的形式接入海洋通信专网，在网络测控管理中心的统一监管下开展任务作业，由数据处理中心统一进行监测数据处理。

一、网络测控管理中心建设

通过网络测控管理中心的搭建，建立统一的标准业务体系，实现全国海域监测资源的统一规划和集中管理，并形成完备的监测手段，从而有效地提升我国的海域动态监测能力，为海域监视监测业务（如海岸带监测、重点用海项目监测、养殖区监测和应急监测等）的开展提供服务指导。

网络测控管理中心负责作业任务申请、审批和实施的全过程管理。通过卫星通信或者专网VPDN实时获取无人机监测信息，从而实现作业任务执行状况的实时监控；通过对作业任务的统一指挥调度，合理有效地管理相关资源。

用户可以通过访问该中心，提交海域监视监测作业任务请求，并对相关的数据、人员及设备等信息进行查看和统一调度；对通过海洋通信专网回传的数据进行实时监控，实时了解任务状态信息；相关责任人员可通过短信、邮件等方式获知达到报警阈值的设备信息或者发生状态变化的相关作业任务信息，从而保障对相关设备及作业任务的及时处理。

（一）组成与功能

1. 系统组成

无人机网络测控管理中心主要由综合监控系统、指挥调度系统、后勤保障系统、通信传输系统和数据管理与分发系统组成，各系统的主要模块如图7-1所示。

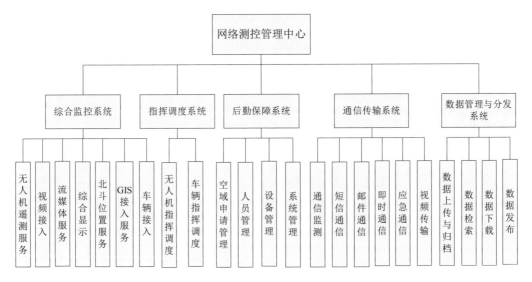

图7-1　网络测控管理中心组成

2. 主要功能

（1）实现对无人机飞行任务的实时监测。

（2）实现对无人机进行统一管理，为各级海域无人机基地提供技术支撑和服务。对无人机的资源进行整合，结合任务的实际需求，实时确认无人机的状态，实现无人机的统一调度，从整体上提高无人机的使用效率以及规范管理。

（3）实现对平台提供作业支持，对作业涉及的相关人员、设备等信息进行管理，同时还要负责对系统的维护，包括对登录系统的用户、角色和权限的管理等方面，还包括对作业相关的空域申请的管理。

（4）实现对其他相关设备或系统采集的信息，在传输到该平台的过程中，对通信链路的监测。首先监听各相关设备采集系统发出的通信请求，若存在通信请求则启动通信线程进行数据传输，否则继续监听。

（5）提供对已归档数据的检索，通过空间检索、元数据检索、组合检索、任务检索等多种检索方式，实现对各类数据的高效检索，并提供针对各类数据的提取。

（6）用户可以将上传的数据发布到 GIS。发布的数据可以结合专用的测绘产品、数据浏览软件，以图形化的形式展现给用户。

（二）建设内容

1. 综合监控系统

综合监控系统是通过数据库同步的方式获取无人机、车辆和摄像头等相关设备的实时信息，通过更新中心实时数据库，实现对相关设备的实时监视与控制，用户通过访问该分系统了解各相关业务的开展情况，利用深度定制化的 GIS 服务，显示实时信息，实现对全局情况的实时反映。

该系统主要功能模块有无人机遥测服务、视频接入、流媒体服务、综合显示、北斗位置服务、GIS 服务接入和车辆接入模块等。

2. 指挥调度系统

指挥调度系统是建设监测设备的指挥调度平台，通过对无人机、车辆等进行调度，实现海域监测设备的集中管理，为全国海域监视监测业务稳定高效运行奠定基础，提升海域动态监测能力。

指挥调度系统的主要功能模块包括无人机指挥调度模块和车辆指挥调度模块。

3. 后勤保障系统

后勤保障系统为海域监测任务提供支撑平台，该系统主要功能模块包括空域申请管理、人员管理、设备管理和系统管理。该系统作为作业支持系统，是人员、设备等基础信息数据的存储管理与应用服务中心，为用户提供各类数据的存档管理与服务，是该平台中各个系统间数据共享与服务的技术基础与运行基础，主要实现对整个平台基础信息的增删改查，对于设备信息，需要提供设备的运行记录，对于达到一定阈值的设备能够进行自动报警提示。

4. 通信传输系统

通信传输系统主要负责该平台与其他数据采集源进行数据传输时的保障工作、相关作业任务及设备报警信息的提醒。该系统功能模块主要包括通信监测模块、短信通信模块、邮件通信模块、即时通信模块、应急通信模块和视频传输模块。

5. 数据管理与分发系统

数据管理与分发系统采用海量数据分布式存储技术，实现海域无人机数据的统一管理，保障业务数据的一致性与安全性，实现从各地分别管理向集中统一规范化管理的转变。通过系统向业务管理部门或基地提供集中式数据存储、数据处理等服务，有利于提高资源利用率，是实现海域数据统一化管理的有力保障。

数据管理与发布系统的主要功能模块包括数据上传与归档、数据检索、数据下载和数据发布。

二、数据处理中心建设

数据处理中心通过海洋通信专网接收网络测控管理中心转发的各地无人机执行任务获取的数据，按照网络测控管理中心制定的数据处理与管理相关标准进行无人机遥感数据的管理和后处理，面向用户提供海域无人机遥感专题产品和数据处理、检索、查询、共享等服务；远程用户可登录海洋通信专网获取海域专题产品和定制数据处理服务。

数据处理中心职能定位如下：

（1）负责无人机遥感数据的管理，对历史数据进行备份存储。

（2）负责无人机遥感数据的处理，如几何校正、快速拼接和实时定位等。

（3）负责向用户提供海域无人机遥感专题产品，如数字高程矩阵（DEM）、正射影像。

（4）负责向用户提供数据处理、检索、查询和共享等服务。

（5）允许用户远程登录海洋通信专网获取海域专题产品和定制数据处理服务。

（一）组成与功能

数据处理中心包括四个部分：业务应用分系统、业务支撑分系统、硬件资源分系统和安全防护分系统（图7-2）。

（1）业务应用分系统：操作人员实现具体业务功能的平台，是系统提供服务的核心部分。

（2）业务支撑分系统：硬件设备分系统和业务应用分系统的桥梁，为业务应用系统提供一个软件运行环境。

（3）硬件资源分系统：主要包括机房设施、服务器、存储设备、网络设备、大屏幕和机柜等。

（4）安全防护分系统：实现对数据中心软硬件的安全防护。

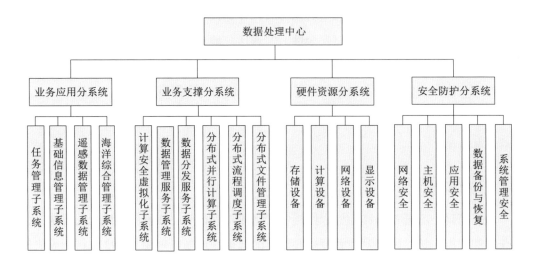

图 7-2　数据处理中心系统组成

（二）建设内容

1. 业务应用分系统

业务应用分系统主要提供数据管理过程中业务流程管理和数据应用，是直接面向用户使用的业务平台，由任务管理子系统、基础信息管理子系统、遥感数据管理子系统和海洋综合管理子系统构成。具有以下功能。

（1）任务管理：数据处理任务的申请、审批和执行全过程管理。

（2）基础信息管理：实现标准和人员管理，标准管理主要是机巡作业相关标准的信息化管理，提供标准查询、下载、更新和标准使用人员信息等功能；人员管理主要实现作业技术人员和数据提供方人员的基本信息管理、培训管理和资质管理。

（3）遥感数据管理：实现对卫星数据、机巡数据的管理，包括可见光图像、可见光视频和红外视频等巡检数据管理。

（4）海洋综合管理：实现海洋工程、海洋环境、海洋生物保护、海域海岛、港口和航道等信息的综合管理。

2. 业务支撑分系统

业务支撑分系统作为数据中心系统的基础，通过整合基础资源建立各类数据库，利用数据分析模型和关键技术对海量数据进行分析处理及各项功能服务。

业务支撑分系统为系统提供了灵活的部署环境和高扩展性，可以根据业务数据处理和存储的需要动态地扩展计算能力和存储能力。业务支撑分系统包括计算安全虚拟化子系统、分布式文件管理子系统、分布式流程调度子系统、分布式并行计算子系统、数据管理服务子系统和数据分发服务子系统（图7-3）。

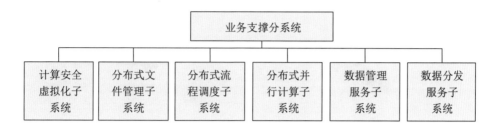

图7-3　业务支撑分系统组成

业务支撑分系统是系统的软件服务平台，通过虚拟化技术支持系统的构建，打破单个系统间的"物理墙"，使用一个高性能的骨干网络无缝地建立起巡检数据资源共享资源池。该分系统具备如下功能。

（1）提供分布式文件管理服务。

（2）提供最优化的任务、数据和计算调度引擎服务。

（3）提供快速的分布式并行计算服务。

（4）提供集中式、高效率的数据管理服务，并对数据进行实时监控。

（5）提供请求和快速响应的数据分发服务。

3. 硬件资源分系统

硬件资源分系统建设内容包括存储设备子系统、计算设备子系统、网络设备子系统和显示设备子系统。每一个子系统的设备选型和组成都应该满足数据处理性能要求。

4. 安全防护分系统

安全防护部署满足海洋行业相关规定，符合网络安全、主机安全、应用安全、数据备份与恢复和系统管理安全等指标要求。

三、数据传输网搭建

海域无人机数据传输网以海洋通信专网为基础，包含地面通信专网、虚拟专用拨号网（VPDN）通信网络、卫星通信网络和无线微波链路（地面同机载端数据链）。

海洋通信专网已连接至各海域海岛管理部门、海域动态监管中心等机构，覆盖国家、沿海省、市、县四级海洋管理业务体系，提供必备的网络资源保障（图7-4）。

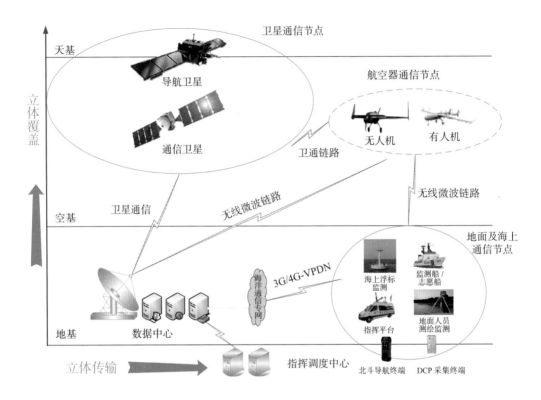

图7-4　数据传输网立体组成

四、海域无人机基地建设

　　海域无人机基地是示范验证系统的重要组成部分，处于海域无人机示范验证系统的前端。以海洋通信专网为纽带，同网络测控管理中心、数据处理中心和各用户终端实现互通互联。

　　海域无人机基地分为两种：一类基地和二类基地。一类基地为国家级基地，除配置所有二类基地配置的无人机外，还配备大型固定翼无人机与大型旋翼无人机，航时达到8 h以上，同时配备高性能任务载荷和新型载荷［如合成孔径雷达（SAR）、高光谱、激光雷达（LIDAR）等］，除完成二类基地任务外，辅助完成系统功能模块向二类基地的网络分发；应答二类基地请求，协助完成监视监测任务；完成对二类基地的技改调研工作，形成调研报告和技改意见以满足二类基地的动态需求。二类基地为地方级基地，设在沿海省（区、市），配置中小型无人机，搭载摄像机、可见光相机等载荷，能够接受网络测控管理中心指令，按照网络测控管理中心制定的无人机系统作业、网络化测控相关标准执行无人机常规或应急作业任务，按照数据处理与管理标准获取并对无人机遥感数据进行初步处理，并以 CDMA-VPDN 无线（预留接口，方便升级以接入其他通信网络）、卫星通信和地面海域专线三种方式接入海洋通信专网，向网络测控管理中心发送监视监测数据。

基地的主要职能如下。

（1）提供完备的基础设施，保证无人机及时、安全地执行任务。

（2）提供完整的网络通信设施，保证上级部门的任务指令准确、及时下达和采集数据的实时、连续返回。

（3）负责基地无人机系统的统一管理、维护。

（4）根据上级部门的任务要求制订无人机飞行计划和任务，并归档管理。

（5）负责无人机基地管辖区域内的无人机作业飞行。

（6）负责无人机基地管辖区域内飞行作业航空管制的申请。

（7）负责无人机基地管辖区域内的无人机飞行巡检数据的数据预处理。

（8）负责无人机基地管辖区域内巡检数据、预处理结果数据、巡检报告和飞行报告等的存储与管理。

（9）负责接收上级发布的功能库，升级无人机基地系统功能项。

（10）负责上报无人机巡检预处理结果数据。

（11）提供完善的综合保障与维修以及人员、设备安全保障条件，保障无人机正常的业务化运作和工作人员的日常生活。

国家级无人机基地职能还包括：

（1）应答地方基地请求，协助完成监视监测任务；

（2）负责进行基地人员的培训工作；

（3）负责地方基地的系统功能升级和技改调研工作。

（一）组成与功能

海域无人机基地主要由指挥中心、地面测控站、通信传输系统和综合保障与维修系统组成，如图7-5所示，各基地可根据管辖区域和任务需要适当调整。在基地的建设中，既要满足当前需求，也要兼顾海域无人机监视监测的发展态势，满足未来可预见的需求。

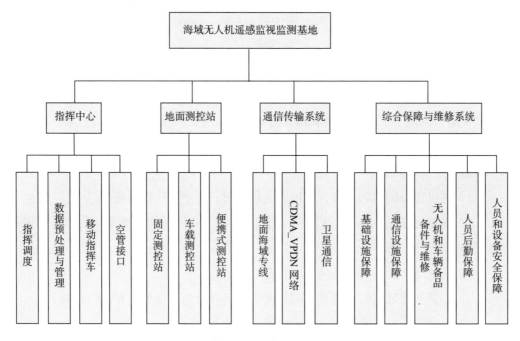

图 7-5　海域无人机遥感监视监测基地组成

海域无人机遥感监视监测基地主要包含四项功能建设，分别是指挥中心、地面测控站、通信传输系统和综合保障与维修系统。其中，指挥中心，包括指挥调度、数据预处理与管理、移动指挥车和空管接口功能，实现协调管理、统一部署无人机海域监视监测任务；地面测控站由固定测控站、车载测控站和便携式测控站组成，实现无人机任务规划、飞行控制、任务控制、链路监控、信息显示、信息处理、数据管理与分发，以及与外部通信接受上级的监管与基地指挥中心的调度等功能，同时移动测控站可实现对固定测控站的补充，便于快速部署无人机执行监视监测任务；通信传输系统由地面海域专线、CDMA_VPDN 网络和卫星通信组成，实现基地与上级指挥部门的实时通信，完成数据从采集到成果分发的网络传输全过程；综合保障与维修系统由基础设备保障、通信设施保障、无人机和车辆备品备件与维修、人员后勤保障及人员和设备安全保障等组成，保障无人机基地正常的业务运作。

（二）建设内容

无人机基地建设是一项综合性工程，需要统筹规划，同当地相关部门协调合作，实现基地建设的稳步推进。基地的建设需要根据基地定位与职能，综合考虑业务需求、周边环境、基建设施和安全等方面来进行建设。

1. 基建设施

基建设施是保证无人机基地正常运行的基本硬件设施，主要包括基础设施和通信设施两个方面。基础设施需具备综合办公区（日常管理、指挥调度）、道路交通设施、水电气（供暖可选）、油料储备库、无人机起降跑道、无人机停机坪、无人机机库和物资仓库等基本配置；通信设施需具备海洋通信专网通信网络等基础配置，通信带宽不小于 10 M。综合考虑无人机监测范围与监测效率，基地选址应靠近任务作业区域，与外部有良好的道路交通条件，同时周边没有强烈的电磁干扰、周边无遮挡。

2. 指挥中心建设

为了实现海域无人机基地任务的有序、高效展开，有效提高海域动态监测效率和协同工作能力以及信息共享率，各无人机基地设立海域无人机监测指挥中心。指挥中心是业务开展的入口，国家级基地至少配备一套北斗增强型指挥用户机，各二类基地至少配备一套普通型指挥用户机，主要实现对无人机和海域无人机遥感监视监测移动平台的定位监管和短信息通信，实现对无人机监视监测任务的整体调度能力。

业务化网络系统有完善的数据处理与管理功能，能够对基地所有的业务进行管理，所有的任务运行产生的数据需通过该系统处理并进行整理归档，并可实现对历史数据的检索。该系统还可以实现对国家业务中心和省市级管理部门下发的所有任务进行统一监管。

移动平台（监测车）可以实现与测控站、基地指挥中心和网络测控管理中心的多点卫星通信功能，能够接收测控站的无人机监视监测视频图像，实现对现场情况的实时视频监控。包含车载卫星通信、无线图像传输、音视频多媒体、供配电等分系统，能够在移动中和指挥中心保持通信，是具有卫星通信功能、现场信息监视、存储功能、自供电功能和其他相关辅助功能的综合通信应急车。

指挥中心留有空域管理接口，能依据任务需求向管理部门申请空域，同时能根据空域权限制订无人机作业计划。

3. 地面测控站建设

无人机基地固定测控站需要完成无人机任务规划、飞行控制、任务控制、链路监控、信息显示、信息处理、数据管理与分发，以及与外部通信接受上级的监管与基地指挥中心的调度等功能。

由于固定测控站测控范围有限，同时不具备机动能力，为有效扩大监测范围以及无人机的机动能力，基地内设有海域无人机遥感监视监测移动平台（以下简称"移动平台"）。移动平台分为两种：小型移动平台和中型移动平台，都需统一装配通用指挥控制平台和北斗终端。小型移动平台使用测控、运输、综合保障一体车，实现无人机测控、运输和人员作业保障的一体化功能。大型移动平台使用独立的测控车和运输车。其中，测控车集成无人机测控和综合保障功能，安装通用指挥控制平台，运输车专用于无人机的运输。

便携式测控站是上述测控方式的有效补充，应用于海域应急监视监测中，便于快速部署无人机执行监视监测任务。

便携式测控站包括进行无人机测控的便携式操控设备和图像实时接收处理的地面设备，其中操控设备主要完成发送地面操作人员的控制指令，接收无人机状态信息并实时显示，实时显示飞行航迹、飞行数据回放和编辑航路信息，设定无人机飞行航路，控制任务设备（相机）的拍照模式；图像实时接收处理设备主要完成接收无人机采集数据并实现视频数据的实时显示。

4. 通信传输系统建设

通信传输网络采用网络测控体系主要有三种模式：地面海域专线、3G/4G-VPDN网络、卫星通信网络，三种模式共同接入海洋通信专网实现基地指挥中心、移动测控站（海域无人机监视监测移动平台、便携式测控站）与网络测控管理中心的网络互联，同时，通信系统充分考虑系统可扩展性，预留接口，便于新的通信传输方式快速接入。

5. 综合保障与维修系统建设

基地综合保障与维修系统是基地正常稳定高效运行的基本保障，主要包括基础设施保障、通信设施保障、无人机和车辆备品备件与维修，人员后勤保障，以及人员和设备安全保障等方面。

五、海域无人机遥感监视监测移动平台建设

海域无人机遥感监视监测移动平台通过对无人机、机载设备、任务载荷和数据链等遥控指令的产生、发送和遥测信息的接收、分析，实现对无人机的测控，通过对图像信息的接收、记录和预处理实现对图像信息的应用。

海域无人机遥感监视监测移动平台集数据采集、指挥调度、通信传输、北斗定位导航和综合保障等功能于一体，可有效满足海域动态监视监测中作业地点的多变性、

作业任务多样性和灵活性的需求。根据不同使用情况，可分为小型移动平台和中型移动平台两类。

（一）平台组成

海域无人机遥感监视监测平台由车辆分系统、通用测控通信分系统、卫星通信保障分系统和集中控制分系统组成，如图7-6所示。

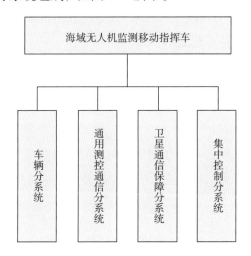

图 7-6　海域无人机遥感监视监测移动平台

车辆分系统包括车辆底盘改装、机柜、电力发电机、UPS、供电系统和照明系统等，为其他分系统设备提供承载平台以及飞机运输平台。

通用测控通信分系统包括北斗车载终端设备、VPDN 路由器、工控机和显示器等硬件设备，以及综合监控、通信与协议转换、数据处理和数据管理等软件，实现遥测信息、图像信息的接收，实现对无人机状态监视与控制，对视频数据、图像数据的处理、存储，实现移动平台的定位。同时预留网口、多种视频接口等，可通过地面有线网络接入海洋通信专网，也可通过 VPDN 网络接入海洋通信专网。

卫星通信保障分系统由卫星通信天线、卫星调制解调器、功放、LNB、Polycom、音视频编解码器和混合视频矩阵等组成，可实现无人机视频图像信息通过卫星通信链路向海洋通信专网实时传输。

集中控制分系统由集中控制主机、电源控制器和控制面板等组成，可实现利用控制面板对车内设备的切换操作及电源控制，如能够实现对车内视频矩阵的切换功能，对 VPDN 路由器、车内灯具和音响设备等的电源控制，对车顶云台的升降、旋转、俯仰控制及云台摄像头的调焦控制等。

（二）平台功能

1. 数据采集功能

无人机监测：海域无人机遥感监视监测移动平台可对无人机进行测控，可将无人机遥测及视频信息回传到车内实时显示，并通过卫星通信或 3G/4G 通信将无人机遥测及视频信息实时传输到指挥中心显示。

车载视频监控：通过车载监控系统对周围环境进行 360° 监控，监控视频可实时接入海洋通信专网视频监控系统显示。

单兵视频监控：通过单兵监控系统，由单人携带进行移动监控，视频实时回传到指挥平台，可抵达车辆无法到达区域。

2. 指挥调度功能

通过车载视频会商系统，与海洋通信专网内的各级单位，以及其他国家海域监控指挥平台进行实时视频会商；可对无人机、车辆及人员进行指挥调度。

3. 通信传输功能

具备卫星通信和 4G 通信功能，保障作业现场与指挥中心之间的数据实时交互。

4. 北斗定位导航功能

通过车载北斗 /GPS 双模定位移动终端，实现车辆的北斗 /GPS 双模定位导航能力，在日常监测和应急监控中，通过终端向各级指挥中心上报位置信息。

5. 综合保障功能

作业保障：海域无人机遥感监视监测移动平台能够提供人员、外业设备、无人机系统和保障物资等的运输条件；具备野外办公条件以及野外自救能力。

设备集中控制与管理：具备中控系统，通过智能手持终端实现对车内设备的集中控制、系统供电状态监测和车载设备状态监控。

数据处理与管理：对无人机航测数据快速处理，并对遥测数据、原始图像数据和图像产品数据集中管理。

6. 系统特点

多元化数据采集：综合应用无人机、车载及单兵监控系统，实现对海域的空地一体化数据采集。

海洋通信专网一体化通信：集卫星通信、4G 通信、北斗导航技术于一体，通信链路互为备份，实现数据的高速传输；与海洋通信专网无缝融合，实现作业现场与国家、省、市、县各级指挥中心的海洋通信专网一体化通信。

　　根据国家海域动态监视监测管理系统统一监控管理的要求，可将无人机航拍视频、飞行航迹、车载系统与设备状态等信息实时接入海洋通信专网，在国家海域动态监视监测管理系统中显示，实现任务、设备的统一有效管理（图7-7）。

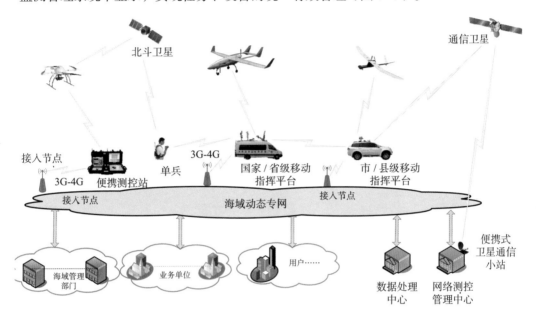

图 7-7　海域无人机遥感监视监测移动平台运行模式

第二节　成果应用案例

一、海岛监测应用

　　我国海岛众多，面积大于 500 m² 的海岛有 7 300 多个，面积在 500 m² 以下的岛屿和岩礁有上万个。海岛地势、地貌较为复杂，基础地理信息获取困难，传统的海岛监测大都通过人工实地测量和卫星拍摄完成，但成图周期长和现势性不强。利用无人机监测手段可对海岛进行高频次动态的监视监测，主要应用的数据产品有正射影像、三维全景、激光点云、SAR 影像等。

1. 山东烟台砣矶岛监测

　　利用多旋翼无人机搭载可见光照相机，获取海岛正射影像数据，完成目标区域正射影像图制作，为确定海岛要素信息提供依据。数据成果如图 7-8 所示。

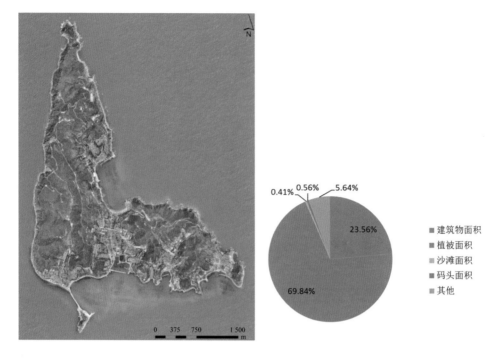

图 7-8　砣矶岛无人机航拍正射影像

2. 浙江宁海白石山岛监测

利用中型固定翼搭载可见光照相机，获取海岛正射影像数据，并利用快拼软件完成目标区域影像快速成像，成像精度达 0.2 m。无人机作业航迹及海岛正射影像见图 7-9 和图 7-10。

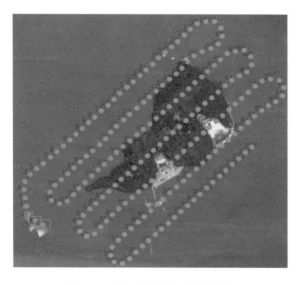

图 7-9　无人机作业航迹规划示意

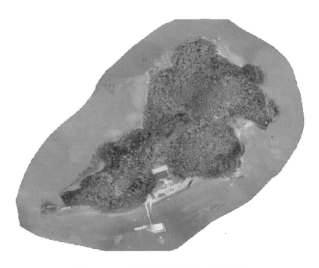

图 7-10　宁海白石山岛正射影像

3. 蜈支洲岛三维全景成像

　　利用中型固定翼无人机搭载可见光多拼相机，获取海南省蜈支洲岛三维建模数据，并完成三维成像发布，真实直观地呈现了海岛全貌和开发利用情况，为海岛管理提供了有效的数据支撑。图 7-11 为海南省蜈支洲岛三维建模效果图。

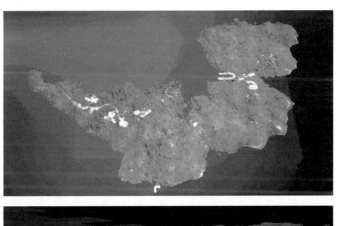

图 7-11　蜈支洲岛三维建模

4. 粤港澳大湾区三角岛综合测量

利用中型固定翼飞机搭载可见光照相机和激光雷达，获取三角岛数字正射影像图（DOM）、DEM、高程图、坡度图和点云融合模型等成果，完成了岸线长度及分类、海岛面积、内湖面积、植被覆盖和地形地貌等基础信息及岛内资源、开发利用现状和建设规划等属性信息的提取，使海岛调查测量过程"数字化"和"透明化"（图7-12至图7-14）。

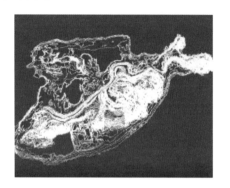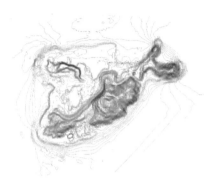

图7-12　高程图（左）及等值图（右）

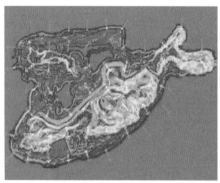

图7-13　坡度图（左）及点云图（右）

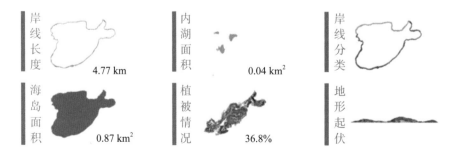

图7-14　海岛数据分析

5. 江苏连云港连岛监测

连云港连岛海滨旅游度假区位于黄海之滨海州湾畔的连岛，与连云港港口隔海相望。全岛东西长 9 km，面积 7.57 km^2，森林覆盖面积达 80%，海岛自然风光秀丽迷人。由于该地区多云天气较多，采用传统的光学遥感载荷很难获得所需的高分辨率遥感影像。SAR 作为一种先进的微波成像载荷，不受天气影响，可全天候和全天时工作，尤其适用于多云多雨地区的监视监测，但相比光学成像，不够直观。本次监测应用以连岛测绘为例，探索了 SAR 影像和可见光成像融合应用（图 7-15）。

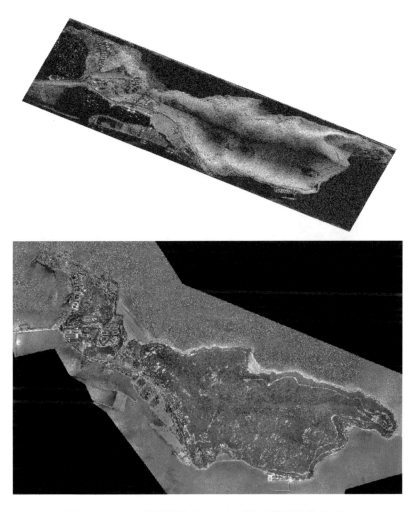

图 7-15　SAR 拼接影像（上）和可见光拼接影像（下）

在分别获得 SAR 拼接影像和可见光拼接影像后，需要对两幅图完成数据配准，主要是投影转换和几何校正，并在此基础上进行影像增强（图 7-16 和图 7-17）。

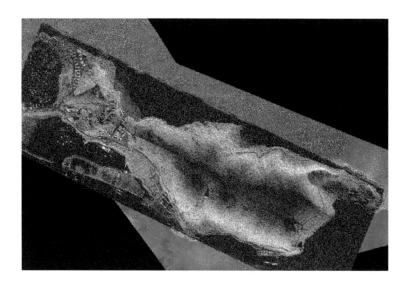

图 7-16　图像融合示意

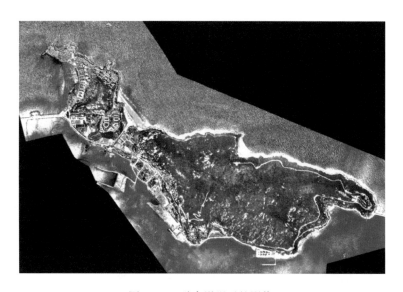

图 7-17　融合增强后的影像

　　SAR 影像的穿透力较强，并且对云雨雪等恶劣天气的抵抗性较好，所以对于深部的信息提取以及在天气不好的情况下对信息的监测优势要强于可见光影像。无人机航拍的可见光影像的优势为数据成像是彩色的，对于表面地物的识别有一定优势。因此，综合利用二者的优势进行信息提取，可确保信息提取的准确性和可靠性。SAR 技术和可见光技术的结合能够弥补单独可见光对小目标反应不明显的缺点，弥补可见光影像对地物深入分析能力弱的缺点，在保证对地物提取能力的同时提高了对属性信息及空间分布信息的挖掘。

二、海域开发利用监测应用

（一）围填海项目监测

利用无人机系统开展围填海项目监测，能够快速、系统地掌握围填海项目在批复前、建设中、竣工后的开发利用现状和动态变化的趋势等，为监管部门实现对用海位置、面积、类型的动态跟踪检查，从而方便相关工作人员对违法行为进行及时预警、现场取证、依法查处等工作，为有效提升海域综合管控能力提供技术支撑。以广西钦州某项目建设的监测为例，海域动态监管的工作人员利用卫星遥感和无人机遥感相结合的方式，对该项目从批复到建设完工进行了全程跟踪，部分监测成果如图 7-18 所示。

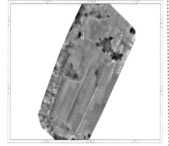
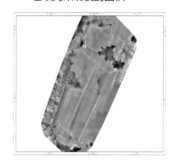

图 7-18　广西钦州某项目建设用海监测情况

（二）筏式养殖区监测

利用无人机分别搭载可见光照相机和 SAR 载荷，对江苏省连云港紫菜筏式养殖区进行监测。

由于监测区域云雾天气较多，可见光相机难以获取有效数据，SAR 影像弥补可见光相机作业缺陷，综合可见光影像和 SAR 影像的优势，进行信息提取，快速掌握了目标监测区域的浮筏分布范围、面积和数量等情况，摸清了该区域海域使用状况，为管理部门合理进行养殖规划提供数据支持，为执法部门依法整治非法用海行为，实现养殖用海规范化管理提供依据（图 7-19 至图 7-22）。

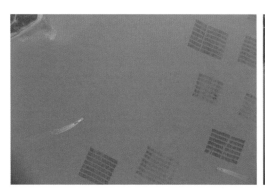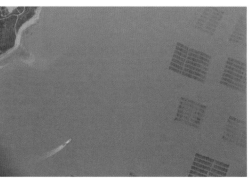

图 7-19　筏式养殖无人机影像

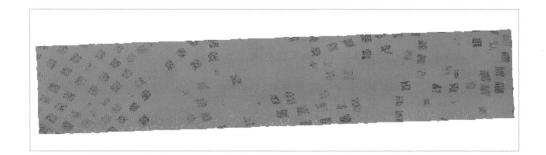

图 7-20　拼接后的正射影像（局部）

图 7-21　调色处理后的影像（局部）

图 7-22　SAR 影像拼接

（三）网箱养殖区监测

利用旋翼无人机搭载高光谱载荷在连云港西侧海域网箱养殖区进行监测，分析提取了该区域网箱分布、密度，为规范化网箱养殖提供了可靠的数据支撑（图 7-23 和图 7-24）。

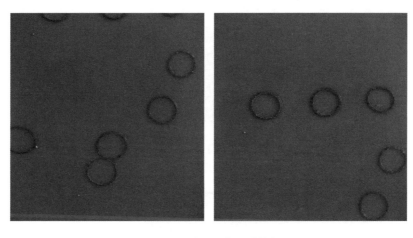

图 7-23　养殖区高光谱数据

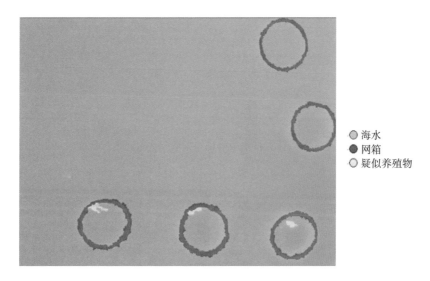

○ 海水
● 网箱
○ 疑似养殖物

图 7-24　养殖网箱信息提取结果

三、海洋灾害监测应用

（一）浒苔监测

利用旋翼无人机搭载可见光相机、摄像机和多光谱相机对海阳老龙头、乳山银滩及东部海岸等重点区域开展浒苔灾害无人机应急监测，获取了近岸浒苔灾害态势信息，为管理部门进行浒苔灾害处置提供了数据支撑（图 7-25 至图 7-27）。

图 7-25　浒苔侵袭海岸

图 7-26　无人机搭载可见光获取受灾区正射影像

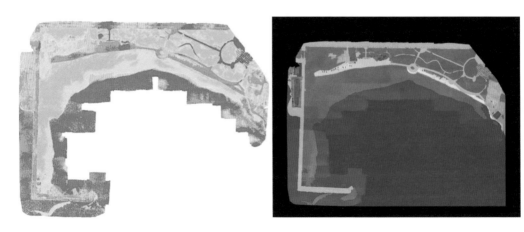

图 7-27　无人机搭载高光谱对受灾区快速成像

（二）台风灾害监测

2015 年 9 月 29 日，第 21 号台风"杜鹃"在福建省莆田市秀屿区沿海登陆，强风吹起巨浪，浪花达 10 m 以上，对福建沿海地区造成重大灾害影响。台风过后，利用两套无人机系统搭载可见光载荷，获取了灾区 0.04 m 高分辨率影像，2 h 快速完成灾情影像专题图的制作。在第一时间全面、客观和有效地获取了灾后受灾区域灾情分布情况（图 7-28 至图 7-30）。

图 7-28　台风后防洪沙袋破损情况动态监测

图 7-29　台风后房屋受灾情况监测

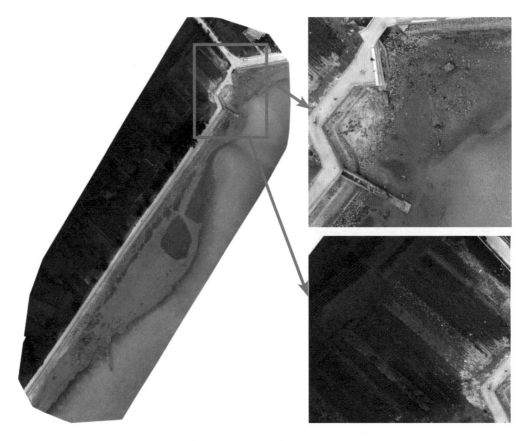

图 7-30　海岸护堤破损情况快速监测

（三）海冰监测

2015 年 2 月 1 日，辽宁营口辖区气温急剧下降，海冰在短时间内积聚、蔓延，并形成较大规模。大面积海冰出现严重影响港口生产作业和船舶航行、停泊，威胁海上生命及财产安全。利用固定翼无人机搭载可见光照相机，完成了海冰覆盖正射影像图、专题分析图，并识别了海冰位置分布、类型、面积以及密集度等信息，为当地海上交通运输、海洋资源开发等海洋工程建设提供了实时有效的依据（图 7-31）。

N

海冰面积统计：16 km^2

图例
☐ 海冰

图 7-31　营口鲅鱼圈无人机海冰应急监测

（四）溢油监测

利用多旋翼无人机搭载高光谱载荷，对连云港西海岸作业船只溢油情况监测，快速获取作业船只溢油事件对事发区域影响，基于高光谱载荷优势，快速分析溢油污染源和迁移扩散情况，第一时间为灾害防治提供了重要的数据支撑（图7-32和图7-33）。

图7-32 无人机高光谱影像

○ 明显溢油
○ 水面
○ 水上
○ 微弱溢油
○ 紫菜

图7-33 分析提取后的监测影像

四、海洋生态系统监测应用

利用 2 架固定翼无人机搭载可见光相机、1 架旋翼无人机搭载多光谱相机在泰国董里府海域开展了濒危海洋生物及栖息环境的无人机监测。获取了目标海域的正射影像数据、空中全景数据和多光谱数据等多种数据，提取了濒危海洋生物儒艮的分布情况及海草床、红树林等栖息环境的覆盖范围，为海洋生态保护提供了数据基础（图 7-34 和图 7-35 ）。

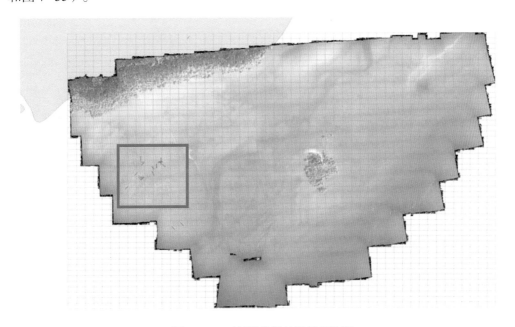

图 7-34　正射影像拼接及目标检测

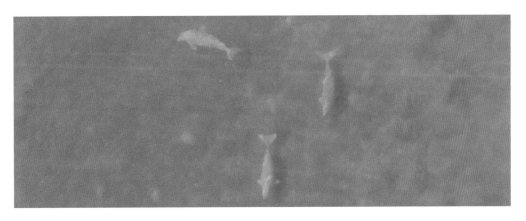

图 7-35　无人机搭载可见光相机拍摄的儒艮

五、海上船只监测应用

利用无人机系统搭载可见光摄像机监测海域船只，配合目标识别处理软件，可快速提取船只的几何参数（面积、长宽比等）、地理参数（经纬度位置）、运动参数（航速、航向）、纹理及结构特征等信息，对海域管理部门监管取证非法捕鱼、盗采海沙和非法排污等船只异常行为具有重要应用价值。在示范验证期间，分别在天津港、海南陵水渔港等区域进行了技术能力验证（图 7-36 和图 7-37）。

图 7-36 海域船只监测

图 7-37 目标定位在船只监测中的应用

第三节　总结与展望

一、应用示范总结

　　海域无人机监视监测系统的建立，改变了无人机系统单点作业模式，满足海域大范围监测和规模化运行需求；打破了封闭的数据传输模式，实现无人机系统应急监测和统一在线监管；提升了遥感数据处理速度和标准化程度，满足高时效性、高兼容性的应用需求。业务化应用示范的执行充分验证了海域无人机监视监测关键技术及制定的相关协议、规范和标准的有效性；并验证了已建成的网络测控管理中心的任务指挥和数据监管能力及已建成的数据处理中心的数据处理、分发能力。积累了大量的过程文档、数据和研发经验，为今后继续深入开展相关领域的研究奠定了基础。

　　通过在辽宁、天津、山东、江苏和海南等地开展的多模式示范验证与推广应用，充分验证了无人机遥感监视技术手段在海域动态监视监测中的重要作用，积累了丰富的宝贵经验，使得海域监视监测的作业水平、管理能力、组织协调能力和技术实力更加科学化、规范化、统一化，形成了海域无人机监视监测任务的全流程化管理系统，全面提升海域监管业务水平。同时已取得的技术成果和积累的管理经验，具备向各海洋业务单位推广的示范意义，对新时代下助力建设"海洋强国""智慧海洋""海上丝绸之路"等具有重要现实和深远战略意义。

二、未来研究与发展建议

　　（1）优化现行的调度管理模式以适应机构改革后的业务工作。随着我国行政机构改革的不断深化，需要探索调整流程化的业务调度管理模式，以尽快适应新时期我国海域监管实际业务需求。

　　（2）提升终端快速处理能力。已建成的数据处理中心实现了数据标准化统一处理，但部分任务要求在作业现场完成处理，如国际交流合作项目，如何提升终端快速处理能力，需要进一步研究。

　　（3）建立案例分析机制。随着无人机海洋领域应用推广，作业任务日趋多样化，各种问题接踵而至，需要尽快建立案例库，并完善任务诊断、总结工作，使业务工作经验化、科学化和高效化。

　　（4）建立国家、省、市、县一体化网络测控管理中心，形成从上到下的数据获取、传输、处理和成果分发模式，实现全国范围的任务下发、办公室指挥决策、成果分享及作业情况实时监测。有效提高我国围填海管控、海域权属规划、执法取证、海岛监测、岸线监测、环境监测和渔业监测等海域管理工作的工作效率和质量，向国土、测绘、农林等领域进行技术推广。

（5）探索新型载荷在海域监视监测领域的应用研究。当前已完成了技术验证和针对性的应用示范，并在部分项目参与单位进行了推广，但与全国范围内业务化工作开展还有一定的差距，特别要解决的是针对不同应用场景，对作业无人机性能参数、载荷和处理软件等提出具体要求，以便发挥设备的优势。例如：生态监测任务（如红树林、浒苔监测）中要求对植被反演可使用多光谱技术；灾害应急要求无人机具有抗压能力强，能在能见度差的条件下进行监视监测，可利用 SAR 技术。

（6）开展海域无人机监视监测系统标准化研究。无人机系统有诸多优势，但受当前空域管制且审批困难的条件限制，难以大规模开展，造成这一窘境的主因是我国在该领域尚未形成规范化的行业标准，特别是无人机准入和作业规范方面，安全性、可靠性缺乏保障，因此需要进一步研究和制定能够被业界接受和推行的行业标准规范。

主要参考书目

曹海 . 2018. 海洋广域无人机智能天线技术应用研究 [D]. 天津：国家海洋技术中心 .

曹海，刘惠，王兵，等 . 2017. 海域无人机带状网络接力测控系统研究 [J]. 海洋技术学报，36(5): 66-71.

陈佳欣 . 2019. 高光谱海上目标在线检测与识别算法研究 [D]. 北京：中国科学院大学 .

程骏超，何中文 . 2017. 我国海洋信息化发展现状分析及展望 [J]. 海洋开发与管理，34(2):46-51.

崔胜涛 . 2019. 海域和海岛无人机遥感监视监测系统的研究与应用 [J]. 测绘与空间地理信息，42(7):122-124.

冯磊，崔胜涛 . 2019. 无人机遥感技术在海域监测陆源排污口中的应用 [J]. 测绘与空间地理信息，42(5):107-109.

胡恒，赵庚怡 . 2016. 海域动态监控指挥车系统构建设计 [J]. 信息系统工程，(6):120-123.

荆平平，刘惠，王厚军，等 . 2018. 基于移动平台的海域无人机监视监测系统集成技术与应用 [J]. 中国科技成果，19(18):24-26.

景昕蒂，张云，宋德瑞，等 . 2019. 海域动态监测数据治理框架研究 [J]. 海洋开发与管理，36(3):34-37, 44.

雷伊娉，李学恒，雷静，等 . 2019. 基于无人机平台的海域监管关键技术及其应用 [J]. 海洋开发与管理，36(12):76-79.

李方 . 2015. 加强我国海洋监视监测体系建设的对策建议 [J]. 环境保护，43(23):49-51.

李雪瑞，魏征，田松，等 . 2020. 无人机技术在海岛测绘中的应用 [J]. 测绘通报，(1):150-153.

李越强，李庶中，贾宇 . 2015. 光谱成像技术在海上目标探测识别中的应用探讨 [J]. 光学与光电技术，13(1):79-86.

林家驹，薛雄志，孔昊，等 . 2019. 我国无居民海岛开发利用现状研究 [J]. 海洋开发与管理，36(1):9-13.

刘凌峰，曹东 . 2006. 国家海域使用动态监视监测管理系统数据传输网络设计 [J]. 海洋技术，25(3):140-143.

曲小同，王大鹏，伍文杰，等 . 2019. 海事辖区无人机溢油监测巡航路径规划 [J]. 中国海事，(11):51-53.

宋德瑞，赵建华，张容榕，等 . 2012. 海域动态监视监测数据多模式综合共享方法 [J]. 海洋环境科学，31(4):520-523.

宋德瑞 . 2012. 我国海域使用需求与发展分析研究 [D]. 大连：大连海事大学 .

王飞，陈一鹤，赵建华，等 . 2019. 海域无人机全景监视监测技术及其应用 [J]. 海洋开发与管理，36(10):65-68.

王飞，赵建华．2014. 国家海域动态监视监测三维展示系统的设计与实现 [J]. 辽宁师范大学学报（自然科学版），(4):578−584.

王厚军，赵建华，丁宁，等．2016. 国家海域动态监视监测管理系统运行现状及发展趋势探讨 [J]. 海洋开发与管理，33(10):17−20.

王靖宇．2019. 无人机海洋观测系统集成技术分析 [J]. 电子世界，(19):199−200.

王项南，贾宁，薛彩霞，等．2019. 关于我国海洋可再生能源产业化发展的思考 [J]. 海洋开发与管理，36(12):14−18.

魏亚云，黎金峰．2018. 无人机在海洋测绘中的应用前景探讨 [J]. 建筑工程技术与设计，(35):3943.

吴进．2015. 海域无人机监视监测数据管理关键技术研究 [D]. 天津：国家海洋技术中心．

吴进，罗续业，刘惠，等．2015. 一种基于工作流逻辑偶的海域无人机监视监测业务流程建模方法 [J]. 海洋技术学报，34(2):53−58.

许欣欣．2019. 无人机遥感海洋监测技术及其发展 [J]. 科技传播，11(7):97−98.

杨晓彤，郭灿文，邢喆，等．2019. 无人机海洋测绘应用进展与展望 [J]. 海洋信息，34(3):12−17.

翟璐，倪国江．2018. 国外海洋观测系统建设及对我国的启示 [J]. 中国渔业经济，36(1):33−39.

张元敏．2020. 无人机航测技术在入海排污口排查中的应用 [J]. 测绘通报，(1):146−149,153.

张志华，曹可，马红伟，等．2012. 中国海洋综合管控的“蓝色天网”——国家海域动态监视监测管理系统 [J]. 海洋世界，(12):15−37.

赵俏玲．2014. 我国海域使用需求与发展 [J]. 城市地理，(20):262−262.

赵雪，王厚军，刘惠．2018. 海域无人机监视监测业务流程设计 [J]. 海洋开发与管理，(3):24−27.

郑苗壮，刘岩，李明杰，等．2013. 我国海洋资源开发利用现状及趋势 [J]. 海洋开发与管理，(12):13−16.